流程化思考

王新宇 / 著

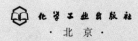

化学工业出版社

·北京·

内 容 简 介

　　随着时代的发展，人们每天要做的事越来越多，能否快速、有效地思考，已成为人与人之间拉开差距的关键因素。在本书里，我们会化繁为简，通过三个关键词："流程""分类"和"验证"，带领读者进入系统思维能力构建的快车道，帮助读者重塑思维方式，改善处理系统性问题的能力，形成流程化思考的思维模式。

图书在版编目（CIP）数据

流程化思考 / 王新宇著 . —— 北京：化学工业出版社，2024.5

ISBN 978-7-122-45197-2

Ⅰ.①流… Ⅱ.①王… Ⅲ.①科学思维 Ⅳ.
①B804

中国国家版本馆 CIP 数据核字（2024）第 049308 号

责任编辑：孟 嘉 罗 琨　　　　　　装帧设计：韩 飞
责任校对：李雨晴

出版发行：化学工业出版社（北京市东城区青年湖南街 13 号　邮政编码 100011）
印　　装：三河市双峰印刷装订有限公司
710mm×1000mm　1/16　印张 15　字数 144 千字　2024 年 8 月北京第 1 版第 1 次印刷

购书咨询：010-64518888　　　　售后服务：010-64518899
网　　址：http://www.cip.com.cn
凡购买本书，如有缺损质量问题，本社销售中心负责调换。

定　　价：78.00 元

序言

你和高手之间，差的只是系统性思维

不知你是否和我年轻时一样，会时常羡慕身边一些经验丰富、思路清晰的朋友，他们看问题总是能一针见血，迅速发现问题的本质；处理问题的时候，也能面面俱到，滴水不漏，让人不由感慨。

随着工作年限越来越长，这样的人也接触得越来越多，你会发现，如此双商在线的人，未必一定是顶尖学府出来的学霸，也不一定有理工科专业背景，但是他们的确都有一个共同的特点：系统性思维能力十分强大。

这种系统思维能力，包括了以下几个特点：

整体性： 看问题不是只看局部，而是拥有全局观，能看到别人看不到的东西。

抓重点： 能从纷繁复杂的局面中，辨析出问题的核心和要点，出手必中。

可迁移： 能根据不同的场景和环境，将已有经验迁移，灵活处理相似的问题。

稳定性： 有自己清晰的思路和判断，不容易被他人带偏，能把他人的知识和经验融入自己的认知体系，且不会轻易在各种观点之间摇摆不定。

目前市面上，关于思维能力训练的书，不说汗牛充栋，也是琳琅满目。介绍成功人士思维方式的书也有很多，但看完之后，很多人会有一种"你说得都对，可是你的成功我却没法复制"的感觉。

这本书里，我们会化繁为简，通过三个关键词："流程""分类"和"验证"，带领读者进入系统思维能力构建的快车道。如果能把这三个词变成思维方式的习惯，你会发现自己处理系统性问题的能力将产生质的飞跃，最终形成流程化思考的思维模式。

上述三个关键词中：

流程指的是流程化思考方式；

分类指的是分类思考方式；

验证是指在使用不同角色和特殊的情况下，对运用前述思考方式所得到的结果进行检验，发现漏洞，进行完善的思考方式。

在展开谈什么是流程化思考和分类思考以及如何构建这两种思考方式之前，我们先看看这两种思考方式在生活中是什么样的，为什么我们每天都在用，却毫无意识。

先看下面一组词：

见父母　婚姻　生娃　女性　男性　家庭　恋爱　邂逅　上学　孙子

给你十秒钟，然后把书合上，按顺序把上述这些词写出来。

怎么样？有没有遗漏，或者是搞错顺序？如果没有，恭喜你，你的瞬间记忆能力真棒！

下面再来一次。

男性 女性 邂逅 恋爱 见父母 婚姻 家庭 生娃 上学 孙子

还是让你看十秒钟，然后请你写出来，这次是不是感觉容易多了？

同样的内容，看出前后的差别了吗？没错，后一组词前后有着逻辑关系，是按照人生婚恋的某种流程，也就是先后顺序来表达的。词和词的顺序，符合我们的生活经验，我们看这些词时，可以自然而然地把这些信息点串联在一起，当你想不起来的时候，用经验和逻辑推理，就能轻松地回忆起来。

这种思考方法，正是本书将重点介绍的思维模式——流程化思考。

再来一组词。看三秒钟，写出来，顺序不限。

汽车 轮船 刮风 下雨 火车 打雷

容易吗？应该不难。

如果换成下面的呢？也是看三秒钟，然后回忆出来，顺序也不限。

捷达 冰雹 太平轮 山竹 避雷针 动车

是不是难些了？

为什么前面一组更容易记忆？因为前面的六个词，其实是两类：一类是常用的运输工具；一类是自然现象。而后面的六个词，其实和前面一组的六个词是对应的，但是分类并不明显，所以给记忆增加了难度。

这就是本书中会介绍到的另外一种思维模式——分类思考。

20 世纪 90 年代中期，我在仓库上班，经常要跟着司机师傅出去送货取货。那会儿我刚开始学开车，对怎么开好车有着强烈的兴趣。我跟的是一位老师傅，他有着二三十年的驾龄，车开得又快又稳，我就跟他讨教怎么样才能把车开好。他给我讲了很多技巧，其中有两点让我印象非常深刻。

第一点，他说好司机要尽量少使用刹车，我问这话什么意思？他说好司机不要干那种一脚油一脚刹车的事，你需要提前去观察前车的前车甚至更前的车辆，当你看到前面几辆车已经踩了刹车，刹车灯亮的时候，你的油门就要开始收了，而不要等到了跟前，再一脚刹车踩下去，这样不仅耗油，废刹车片，坐在车里的人的体验也不好。当你看到前车开始加速时，你也不用等着差距拉很大再加油，你也可以提前做好踩油门的准备。为了能看到更远的前方车辆的情况，跟车时，不要跟在前车的正后方，如果有可能，稍微偏一些，能让自己的视线不被遮挡。

现在想来，老师傅的这种对前车的前车的观察思路不就是流程化思考的方式吗？因为前车的前车踩刹车了，所以你的前车大概率也会踩刹车，而此时你的收油会让后续你踩的刹车不用太用力，既降低了油耗，又不会影响他人的乘坐体验。

另外一个让我印象很深的点，是老师傅跟我说，开车尽量不要跟在大车后面，因为大车车身高，会遮挡视线，当大车遇到紧急情况进行处理时，留给后车进行处理的时间就会变得很短，出事的风险会大大增加。

这个要点，其实运用的就是分类思考的原理。路面上行驶的车辆，可以简单区分为大车和小车，或者说，会遮挡视线的车和不会遮挡视线的车。跟在会遮挡视线的车后面，驾驶风险会明显增加。

我们在生活中其实经常会无意识地使用流程化思考和分类思考，因为这两种思考方式，都非常接近人本能的思考方式，但是很多人并没有把这种思考方式在头脑中固化下来，体现出来的结果；就是人与人之间思维能力的差异。

流程化思考和分类思考，是我们在工作和生活中经常用到的非常有效的思考模式。思考能力的高低，很重要的一个体现，就在于是否能对问题的脉络进行梳理（流程化思考），并在此基础上，进行归纳分类（分类思考），从而有针对性地解决问题（当然，也可以先归纳分类，再运用流程化思考）。

你可以观察一下自己和身边的人，你会发现即使大家没有受过刻意训练，也会有意识或无意识地使用这两种思考模式。而让我们钦佩的思维能力强的人，则通常能把这两种思考模式用得更深入，更透彻。

而"流程—分类—验证"这三个关键词构成的连贯的思考方式，就是本书想阐述的核心观点：我们要具备流程化思考的能力，即构建有系统的思维。

目 录

序言：
你和高手之间，差的只是系统性思维

第一篇
流程化思考 // 001

第二篇
分类思考

第三篇
验证 // 195

结语
系统思维的构建

第一篇

流程化思考

一、什么是流程化思考?

如果你是任劳任怨的宠物饲养者,你会观察到在正常的情况下,在猫面前放一盆猫粮和一碗水,猫基本上都会先选择猫粮,除非之前它已经渴了很久没有水喝。猫会先吃一会儿猫粮,然后再喝水,喝完水再吃猫粮。

人是不是也一样呢?这个顺序的选择就是本能。

之所以会如此,是因为我们每一个人的大脑,在同一个瞬间,只能处理一件事。所以,我们就需要对事物进行的顺序排序,不管是出于本能的驱使,还是出于训练的习惯。

流程化思考,指的是以事物或活动发生的先后顺序为线索,对事物、问题或活动进行系统性梳理,并在此基础上,形成认知或突破障碍,发现事物和问题的规律,从而认识事物以及找到问题解决方法的一种思维模式。

其原理来自于现实生活,所有的事情背后,都有一个共同且始终存在的变量——时间,而先后顺序就是时间最典型的特征之一。

流程化思考的内在逻辑是以时间轴作为思考主线,这种思维的本质，简单来说就是按照"先如何——再如何"的方式进行思考。它非常符合我们在日常生活中无意识时进行思考的习惯，也就是我们的本能。

流程化思考，广泛应用于工作和生活，是一种非常容易上手的好的思考方法。在我们的工作和生活中，绝大多数事情其实都有一个潜在的共性特征，就是随着时间会发生变化。当然，这种变化并不都是单一流程的变化，很可能是多个流程的变化，但本质上是相似的，多流程可以拆成多个单流程。

二、为什么是流程化思考

说到这里，你可能会质疑，为什么不说流程思考，而要说流程化思考？

两个原因，第一，每个人头脑中对流程的定义可能大相径庭，这本身并无对错，但如果用流程思考的方式来描述，很容易陷入对流程本身的争论。每个人思考的流程，受多种因素的影响，包括价值观、眼界、经验、处境等，有的时候无法判断高低好坏，而本书讨论的是思维模式，并不涉及价值观的评价，因此，我们关注的是流程化的思维方式，而不是流程本身的正确与否。

一见短袖，就想到了气温升高，气温升高夏天就来了，就可以去海边，就能吃海鲜了。

这是特别典型的流程化思考的例子。

当然，你可能会反驳说，不是每个人都会这么想啊？没错。因为他的流程不是你的流程。

当我们使用流程这个词时，很容易下意识地认为，我们面对的是一样的流程和顺序。但事实上，对于同一件事物，每个人基于流程化思考所延伸联想到的内容，会有很大差异。

例如：肯定也会有人看见短袖，会想到这件衣服挺好看啊，想知道在哪买的、多少钱（有没有像你身边的某个朋友）？

但不管从短袖想到的是海鲜，还是想要个购物链接，从思维模式上看，都在使用流程化思考。

使用流程化思考这个表述方式的第二个原因，是因为有的事物的内在流程化关系需要仔细思考才能发现。

前面的例子，是一个比较容易观察到事物变化过程的例子，思考的流程能被清晰看到。下面我们再看一个内在的流程化关系不容易被看到的例子。

大五人格理论，是心理学领域比较公认的人格特质模型，通过词汇学的方法，发现大约有五种特质可以涵盖人格描述的所有方面：外倾性、神经质、开放性、宜人性和尽责性。

外倾性指的是一个人对外交往的外向程度，神经质指的是情绪稳定性，开放性指的是对外界的开放程度，宜人性指的是与人交往时体现出的随和程度，尽责性指的是做事时的谨慎程度与责任心。

要是你之前从来没有接触过大五人格，那我现在请你把书合上，你能完整写出这五种人格特质吗？估计很难。

如果我们先使用流程化思考的方式来观察这五种人格特质再记忆呢？

首先，是情绪稳定性（神经质），这决定了一个人在群体中面对同一事物的不同反应。就算你选择一个人生活在终南山里，不与任何人交往，情绪的稳定性也会影响到你面对大自然时的反应。

其次，基本上所有的人都要和其他人打交道的，所以，一个人的外倾性就能显示出他对外部交往的意愿程度。

第三，当一个人开始与外部交往时，开放性会决定了他面对外部事物时，会使用开放还是封闭的方式来处理新的知识和经验等。

第四，与人交往的过程中，宜人性决定了这个人和别人打交道时，给他人的感受如何。

最后，我们每个人和人打交道，都是为了做事，无论是工作中的事项，还是生活中的事务，尽责性描述的就是一个人做事时体现出来的特征。

怎么样，按照上述方式去了解大五人格，是不是就容易理解和记忆了？神经质——外倾性——开放性——宜人性——尽责性，一下记住了吧。

这个理解和思考的过程，运用的就是流程化思考。严格来说，上述的顺序，并不是一个真正的流程，因为一个人在与外部世界交往的过程中，很多特质可能是同时呈现的（例如宜人性和开放性），但使用流程化思考去理解，能快速看懂一个事物的本质，例如上述的五种特质，分别是从哪些角度对人格进行描述的。

顺带说一下，很多教授记忆法的书中，关于联想法的使用，也会用到这种流程化思考的模式。

在需要记忆的内容中，找到内在流程的好处是可以运用已有的知识和经验，从某一个环节出发，找到事物随着时间变化的内在逻辑，并对下一个环节进行推理，这样就不容易产生遗漏，逻辑过程也会更加严谨，也更容易记忆。

三、流程化思考与演绎推理的区别

对于学过逻辑的人来说，看到前面关于流程化思考的介绍之后，会感觉这种思考方式和演绎推理似乎有相似之处，看起来都是按照"从 A 到 B"的顺序进行推理，但从本质上来看，流程化思考和演绎推理还是有区别的。

下面的内容，对于没有学过逻辑的人来说可能有些晦涩，所以如果有读者对流程化思考与其他推理方式的区别不感兴趣，可以直接跳过本部分直接进入下一个标题，跳过这部分内容并不会影响读者对流程化思考的理解。

我们知道，在推理中有两类推理模式：演绎和归纳。我们先简单看看这两种推理方式。

男人长胡子，这家伙长了胡子，所以这个人肯定是个男人。

——这是演绎推理。

眼前的洗手间没挂性别的牌子，但是我看好几个男士从里面走出来，所以，这个应该是个男洗手间。

——这是归纳推理。

仔细琢磨一下，就会发现上面两个结论不都完全正确。

很显然，一个女性，化装成男性，粘上胡子，看起来像长了胡子一样，但她还是个女性。倘若这样打扮的几个女性从厕所里出来，会让人产生那个厕所是男厕的误判。

2021 年，美国第三大学区芝加哥公立学校宣布取消按性别设置的厕所，这意味着，即使没有前面粘胡子的做法，在这所学校里前面关于洗手间的结论也是错误的。

概括起来，演绎推理是从一般情况出发，针对特殊情况得出结论，或者说，是从共性规律得到个体的结论。而归纳推理则是通过各种个体情况，得出一个共性结论。

对两种推理方式有所了解之后，我们再看一下流程化思考和演绎推理的区别。

第一，演绎推理强调的是前后之间的逻辑严谨性，但流程化思考是从时间的角度来梳理事物之间的关系。

首先看演绎推理，"因为 A，所以有 B 的结论或结果。"从逻辑的角度，演绎推理，是从一般到特殊，所以，其表达可以这么理解：因为……所以……因此，A 是 B 存在的前提条件。

我饿了，我吃饭去了。

上面这句话，完整的逻辑表达其实是这样的：

人饿了需要吃饭（共性规律）——我是人——我饿了，所以我吃饭去了（个性结论）。

在这个逻辑表达中，并没有关注时间的先后发生顺序，只强调了结论和前提之间的逻辑关系。让我们再一起看看下面这个例子。

在均匀空气中，光线是不会拐弯的（共性规律）——我在均匀的空气中——所以我是看不见墙后面藏着的人的（个性结论）。

这个例子也是典型的演绎推理，没有时间线索在其中。

而流程化思考则是以事物基于时间的变化为线索，从前者推理到后者，用句式表达就是：先……再……前者和后者之间，未必存在必然的逻辑关系，但可能是符合我们的生活常识、常态的。就像下面这个例子：

写完材料，检查一遍再发给上级。

写材料和检查之间，并没有必然的逻辑关系，也就是写完了，不检查，也是可以直接发给上级的（想想看，职场中很多人是不是都在这么做）。但显然，增加一道检查的工序，可以减少出错的概率，让人更放心，这种做法，是在职场中更严谨的做法。而写材料和检查这两件事之间，是一定有前后顺序的。

第二，演绎推理是从一般到特殊的推理模式，而流程化思考，虽然本质上也是推理的过程，但不一定是演绎推理，也可能使用了归纳推理。

我们之前提到过，归纳推理是通过个例得出一个一般性的结论，好比你在网上购物一段时间后，得出的结论：

某多多买生活日用品最便宜，某东买电器最便宜。

这是一个典型的归纳过程，但这个结论显然并不能完全成立，你可以做更精准的归纳：

在某多多上，新土豆的价格，是最便宜的；在某东上，华为某种型号的耳机是最便宜的。

但即使已经精准到了某种型号的耳机，这个归纳的结论依然可能被质疑。因为你必须证明你浏览了所有的购物网站和各种带货渠道，包括微商和某些也可以对外销售的企业内购平台。有些网站上的价格你还可能用爬虫工具去抓取数据进行比价，但有些渠道你根本无法统计。而且我们普通用户，大概也不会为了买个土豆，就写个代码去全网抓数据（当然，也是因为不会写程序）。

上面说的，就是我们在实际使用归纳这种方法时的通常做法——不完全归纳。虽然从逻辑上看并不是特别严谨，但只要样本选择得当，就已经能够使用。

在流程化思考中，我们还会用到归纳推理，且都是按照时间序列展开的。例如你对自己当前恋爱关系的判断：

在冷战了一周后，上周约女朋友见面，被她拒绝了。后面给她发微信，发现已被她拉黑了，打电话她也不接，看来她是真的想跟我分手了。

最后的结论，其实就是归纳推理，虽然结论是否正确另说。但这个思考的过程，使用了流程化思考。

所以，我们可以这么理解：

演绎和归纳，强调的是前后事物（或判断）之间的逻辑一致性，例如因果关系；流程化思考，是按照时间变化的先后顺序，运用演绎推理或者归纳推理，对事物进行梳理和思考。流程的各个环节之间，更多关注是时间上的先后顺序，而不是逻辑上的必然性，或者说环节之间必然的因果关系。

四、流程化思考的应用——你看得见和看不见的

流程化思考，在我们的工作和生活中无处不在，有的你能看见，有的需要你刻意运用流程化思考的思路才能发现其中的奥秘。

首先，我们来看几个能比较清楚地发现流程的例子。

◆ 发现手机不见了，你会怎么找？要么从记忆中最后一次用手机开始想自己接下来做了哪些事，去了哪些地方；要么从现在这一刻开始，一步步往前回忆自己的行动轨迹——这两种都属于流程化思考。

◆ 你洗澡时，通常是先洗头再洗身体，还是反过来？

◆ 我们中学时学的历史，就是以时间变化为主线来进行描述的典型例子。

◆ 在家做饭的时候，先做哪个菜，再做哪个菜？上菜时，先上凉菜，再上热菜，再上主食，这些都是"先做什么，再做什么"的流程化思考。

◆ 当你看一部小说或看一部电影，等看完以后再审视这个作品，就会发现，绝大多数电影也好，小说也好，都是含着一个或数个变化的主线，故事情节按主线展开去描述场景、细节、人物和冲

突等。而这个主线，就是时间。

◆ 还有数字的排序。虽然在生活中对数字的使用并不需要一定按照顺序来表述，但我们在小时候开始学习数字的时候，的确就是按照1234567……这个顺序来学习的，然后建立起个位、十位、百位、千位的流程化概念。先学习加减，再学习乘除，先学个位数运算，再学习两位数、三位数和多位数的加减乘除的运算等，这些都是在运用流程化思考。

举这些例子是想向各位读者表达，在我们从小到大的生活里，无论是从粗到细，还是从少到多，从简单到复杂，都是有隐含顺序变化逻辑的，虽然时间线索未必明显，但他们依然属于流程化思考。

可以说，流程化思考的例子，随处可见，很多时候，我们都在运用这种思考方式，但却没有意识到罢了。

这种思维方式，古人也在用。"修身、齐家、治国、平天下"，听过这句话吧？仔细想想，是不是也是按照自我成长的顺序来表达的？

从系统思维构建的角度来说，上述例子因为流程化相对比较清晰，通常我们的知识和经验都会引导我们下意识地使用流程化思考，但从学习的角度来说，这些例子其实没有太大思维训练的意义。

而我们需要关注的是那些我们没有意识到，但是可以运用流程化思考去分析和思考的事物。

例如，我们在评价一个人工作水平高不高，能力行不行的时候，会说什么呢？我们会以他某方面的工作表现作为评价标准。对个体能力的评价，是在管理工作和个人成长中非常重要的一项内容，但如何评价一个人的能力，我们却发现很难用文字具体描述，所以大多数情况只能利用数字和事件来表达。

我们至今还未有一种能力评价方式可以获得所有管理者的认同。我们现在在广泛使用的能力素质模型，是基于 20 世纪 70 年代，心理学家戴维·麦克利兰博士提出的对能力进行分析和管理的框架所形成的管理工具，目前已成为很多大型企业人力资源体系中的重要部分。但是，在这些能力素质模型中，都存在一个共性问题，就是对能力的描述依然带有非常强的个人主观感受。

这就很容易导致对同一个人的某项能力，不同的人评价会产生不同的结论。并且由于现有模型对能力的定义和描述太过笼统，使得根据能力素质模型有效地训练员工也变得非常困难。

所以在多年前，我就尝试开始运用流程化思考，对能力进行分解和描述，并基于能力分解后的每个环节进行有针对性的训练，并幸运地在一些常用能力的训练上，取得了一些效果。

首先，我们需要意识到，一个人坐在那里，没有语言，没有行为，没有任何反应，是无法判断出他的能力水平的，甚至连他是不是正常行为人都未必能确认。而且，光看行为，也是无法判断其能力高下的。

就好比一个人，靠刻苦记忆，英语词汇量超过了 10000 个，我们只已知他的单词储备量，就能说他的英文水平很强吗？不能，至少是不了解。除非你和他进行了英语对话交流，才能给出基于自己感观下接近事实的判断（当然前提是你自己的英文水平也还不错，能够在一定范围内，判定出好坏）。

这个对话的过程，就是一个"做事"的过程。因此，每个人的能力，一定是通过做事来体现出来的。而所有的事情，运用流程化思考，都可以分为三个环节：事前、事中和事后。

有了这个结论之后，我们对一个人的能力评价，就可以转变为在事前、事中、事后这三个环节上去观察他的行为。当然，这里指的事前、事中和事后，不一定非得是事情本身，也可以是在能力开始运用前、能力运用过程中和能力运用的结果这三个环节。但不管是真正的事前、事中、事后，还是能力运用前、运用中和运用后，都是在使用流程化思考。

这里，我们用对沟通能力的分析，来说明一下如何运用流程化思考。

用流程化思考发现沟通能力的核心

沟通能力，是我们日常生活和工作中，都会使用到的最常用的能力之一，但也是会令我们产生严重误判的能力之一。

你是否有过这样的经验，有的人你开始觉得他沟通能力不错，后来接触下来，又觉得他沟通能力不行。这种情况，在招聘选人的时候非常常见。

在我早期的面试经历中，也出现过这样的偏差，候选人在面试的时候，逻辑表达还是比较清楚的，交流起来也都挺顺畅，但是等到了工作岗位以后，就会发现，和他沟通会非常困难，有些悔不当初。

这到底是哪里出了问题？下面我们用流程化思考的方式，来分析一下沟通的核心要点。

沟通能力，按照流程化思考，我们仔细梳理就会发现是由三个核心环节构成的：听——想——说。

第一个环节是听。这里的听叫有效倾听，也就是不光能听见对方讲的内容和话内的各种细节，还应听懂对方的话外之音。当然，用"听"来表述这一环节其实并不十分精准，"看"也应包括其中。其核心就是在自己"说"之前，要先去获取一些相关信息，这些信息包括对方的想法、观点、情绪和情感等。但是因为在面对面的沟通中，倾听所获取到的信息量，要大于看所获得的信息量，所以这个环节我们就用"听"来替代。

在生活中，我们会发现有不少人很能说，表达能力不错，但我们不会觉得他是一个沟通能力强的人。为什么？就是因为倾听能力太弱。

我很早以前带过一个小伙子，是一个国内很著名商学院毕业的MBA，最开始我跟他交流的时候，因为还没有开始共事，所以主要交流的是日常生活中的琐事，觉得他说话条理还是蛮清楚的，表达能力也不错。但后来开始共事，问题就来了，我发现他的倾听能力太弱了。

比如我带他去跟客户沟通的时候，会发现客户讲的很多东西他都没听进去，他听到的只有他想听的东西，在沟通中，他也只关注自己想要表达的内容，而忽略了对方的很多信息。很显然，他不是一个好的倾听者。所以，沟通能力的第一步，不是能说，而是会听、会观察，能全面、准确获取对方所传递的情绪、情感、信息、观点。

但在我们的实际沟通中，沟通对象千差万别，有的人表达很直白，有的人喜欢旁敲侧击；有的人喜怒形于色，有的人则是深藏不露，这就意味着倾听这个能力是一个说起来容易，做起来其实并不简单的能力。

如果运用五级分级法，我们可以把倾听能力分成五个层次（按水平由低到高）：

第一级：没有倾听的欲望，对对方传递的信息充耳不闻；

第二级：能基本明白对方的主要意思，但无法保证获取信息的完整性；

第三级：能够准确理解对方表达的想法和信息，不失真，不遗漏；

第四级：能准确把握对方表达的要点和意图，包括表达中的潜台词和话外音；

第五级：不仅善于倾听，而且在倾听的过程中，能通过各种方式有效引导对方进行表达。

（以上的倾听能力中，包括了对事实、观点、情绪、情感等的把控）

对照上述分析，我们就会发现，很多人的倾听能力其实能达到第三级就不错了。要达到第四和第五层级的倾听水平，就需要倾听者有同理心，能感知到对方的情绪和感受。而真正能达到第五级倾听能力的人其实不多。

下面来再看一个小例子。

谈恋爱的时候，男孩请女孩吃饭，问女孩吃什么的时候，女孩总喜欢回答：随便。我上课时，会问班上的男士们，"随便"这个回答是什么意思？很多钢铁直男的回答是：随便就是带她去哪都行。说老实话，我感觉能给出这种回答的男士，单身的概率会比较大。

而情商比较高的男士会回答："随便"的意思是女孩希望男士给自己几个选择，而这些选择最好都是女孩喜欢的。

只有很少数的男士，还能在此基础上加上一条：最好男士能帮女孩做出决定。

这决定包含了两层意思，一是代表男士关注了女孩的喜好，所以知道女孩喜欢吃什么；二是代表了男士是可以让女孩依赖的，这会让女孩觉得更开心。

单身的男性朋友们，没想到吧，"随便"两个字底下还隐藏了如此丰富的内容（其实，我也是历经风雨以后才搞明白这个词背后的含义）。

估计不少男士看到这里的第一反应是：矫情。想吃什么直说就完了，还绕什么弯子啊。可是，很多女孩就是喜欢用这种方式来测试男友对自己是不是上心啊。如果总是不能有所改善，女孩可能就会慢慢觉得，这个男的真是个不解风情的人，跟他在一起好枯燥、好乏味，一点都不浪漫，要不换人算了。

因此，别一看到那些会追女孩的男士，就觉得人家花心，要先反思一下自己的倾听能力，就算失恋，也要有成长和提高。

而且不管你是不是喜欢，在这个世界上，一个人的表达习惯是很难改变的，所以，倾听能力的训练就显得更加重要。

现在知道为什么在面试中，我们很容易对候选人的沟通能力产生误判了吧？在面试过程中，基本上都是候选人在说，面试官在听，所以面试官更多地观察到的是候选人的表达能力（也就是"说"这个环节上的能力），但对倾听能力的了解通常是很不够的。

所以，当我们要判断一个人的沟通能力时，先不要看他的表达能力，而是要看他的倾听能力。同样，要训练一个人的沟通能力，也要从倾听能力的训练入手。

沟通能力的第二个环节，是"想"。严格意义上说，"想"这个环节，包括了逻辑思维能力和共情能力，也就是换位思考，能站在对方的角度去想问题。在日常沟通中，智力水平正常的人，在这个环节上的逻辑思维能力基本上都是够用的，但共情能力会差异巨大。所以，在"想"这个环节上，对于个体沟通能力的观察，可以聚焦在换位思考的能力上。

换位思考既包括了站在对方的角度思考问题，也包括感同身受，就是体会对方的情绪和感受。沟通中能做到这一点真的非常不容易。

我们每个人的生活经历不一样，价值观不一样，感知外部世界的标准不一样，所处的环境也不一样，没有一个人可以真正做到完全像对方那样去思考和感受，即使是亲兄弟或亲姐妹，恐怕也很难做到百分之百。

有时候，我们发现很多男士在谈恋爱时，"听"和"说"这两个环节做得还行，却依然谈得不太顺利，这大概就是在"想"这个环节上出了问题。

女性在遇到问题后向身边的人抱怨时，往往更多的是情绪宣泄，而不是需要有人给出解决问题的建议。但男士往往更关注的是事而不是人，所以他们遇到这种抱怨的第一反应是：那咱们得坐下来，好好分析一下这件事该如何处理。结果，和女生辩驳到最后甚至都忘了最初的问题是什么。

我认识一位小伙子，有一次和他闲聊，说起来他前两天认识的一个女孩失恋了，非常郁闷，碰见这个小伙子时就和他倾诉，抱怨前男友的各种行为，以及自己准备如何报复等。我听了小伙子的转述，觉得女孩的做法太不理性。

我相信一般男士遇到这种情况，除了适当的安慰以外，可能都会和我一样，想给女孩分析事情的对错好坏，劝她冷静，不要太冲动做一些过激行为之类的。但这个小伙子告诉我,他当时听了以后,并没有拦阻那个女孩,而是看着女孩的眼睛说:你记住,不管你做什么,我都支持你!

不知你们什么感觉,反正当时我的反应就是:这就是沟通中的共情表现啊!

这几年,我听过很多老师的培训课。一般来说,能站在讲台上讲课的老师,表达能力都是过关的,但表达能力过关并不代表老师的沟通能力也是过关的。

例如,上课时你向老师提问,你发现自己讲了半天,其他同学都听明白了,但老师就是听不懂。到最后你发现确实没办法和老师说明白,为了不耽误大家的上课时间,只好放弃了这次沟通。

那么老师为什么会听不懂呢?因为老师往往缺乏你所在行业的经验和专业知识,所以从你的立场、角度和经验能体会和感知到的东西,他感知不到,也自然理解不了,且在课堂上时间颇紧他又无法花时间仔细询问且站在你的立场去尝试理解,最后的结果就是沟通不下去了。

所以,如果你想判断其他人或自己的沟通能力是否不错,除了前述的倾听外,还需要从换位思考这个环节上观察,看对方是否能理解他人的感受和立场(不一定要认同),能否接纳他人的情绪和情感。

沟通能力的第三个环节才是"说",也就是有效表达。

有效表达包括逻辑清晰，措辞准确，在表达过程中，能让对方愉悦或顺利地接受自己传递的信息、观点和情感，等等。

因为表达能力是沟通中最容易观察到的能力，所以我们很多时候，会下意识地把表达能力等同于了沟通能力。

以上就是我们用流程化思考梳理后的沟通能力，其实还有很多其他能力素质，例如学习能力、责任心、团队合作、压力承受能力等，也都可以使用流程化思考的方法，从"事前、事中、事后"三个环节进行分析，从而准确地把握对能力进行评价的标准和训练的方式，读者可以自己尝试下。

发现宜家动线设计的奥秘

再看一个成功运用了流程化思考，但我们大多数人恐怕都没有意识到的案例。

宜家进入中国市场也有二十多年了，至今生意还很红火，逛宜家也成为不少人的生活消遣方式。那么为什么很多人都喜欢逛宜家，是因为东西卖得便宜，设计感好吗？好像都是，但好像也都不是。论价格，谈不上性价比有多高；论设计，比他们设计感好的品牌也能找出不少。那宜家是怎么做到经营这么多年，生意还挺红火的呢？

宜家一直被业内人士学习和模仿的是它的动线设计，也是这个动线设计，让宜家在经营上占了优势。宜家的动线设计可以让顾客

线性思维

线性思维是指思维沿着一定的线型轨迹，根据"有因必有果"的原理，通过一步步严谨的逻辑推理，去寻求问题解决方案的过程。

流程化思考看起来和线性思维比较相似，都以时间或顺序作为变量，但线性思维往往是单一流程，且强调前后的因果关系，而在实际工作和生活中，即使是某一个具体问题，在这一个问题中也会有多个线程，并且各个线程之间，可能还会出现交叉和重合。此外，前文中也提到，运用流程化思考时，事情的前后环节之间，未必有严格的因果关系，只是因为各种原因，形成了前后的顺序。

因此，流程化思考强调的是以流程作为思考的基础，并不意味着在思考过程中，只有单一线程，或前后的因果。

金字塔原理为什么用起来不容易？

金字塔原理，是前麦肯锡顾问总结出的一种在写作和解决问题时，进行结构化梳理的一种思维方式。这些年市场上以此为主题的培训颇为不少。

金字塔原理的核心，就是对文章或问题进行层层拆解，在每个层次上，使用的是分类的思维方式。下一个层次，是对上一个层次更具体的描述和展开。经过这种方式拆解出来的结构，像金字塔一样，故名金字塔原理，如下图所示。

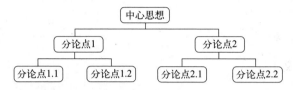

金字塔原理是一种很不错的思维方式，但在实际应用中，用在写作方面是比较容易的，用于解决问题，就相对没那么顺手了。

比如，对下面这样的问题，用金字塔原理就会不太顺畅。

公司需要招聘一个市场经理，符合要求的人选在市场上应该不会太少，但是公司招了一段时间，始终没有招到合适的，怎么办？

运用金字塔原理来解决这个问题时，你会发现不太好下手（不在这里赘述了，有兴趣的读者可以自行尝试），但如果我们运用流程化思考，就比较容易发现问题。

招聘按照流程，可以分为以下环节，我们可以在每个环节上寻找原因。

确定招聘要求：如果要求不合理（例如对候选人的要求很高，但给的薪资很低），肯定招不来合适的人。

制作招聘广告：招聘广告写的是否清楚，是否有吸引力，对于候选人投递简历的影响是很大的。

选择合适的招聘渠道：不同层级的候选人，使用的招聘平台是不一样的，如果你用 58 同城去招聘市场经理，显然就不如用猎聘网的效果好，至少在获得候选人的简历上差别会很大。

电话邀约：在中国劳动力市场供应量下降的情况下，这个环节做得好坏，对于候选人到场面试的结果有的时候起到决定性的影响。从这个意义上说，负责招聘的员工，其实承担了销售职能——把职位卖出去，引起候选人的兴趣。

面试（不考虑笔试和测评）：面试官水平的高低，对于判断候选人和吸引候选人也往往起着决定性的作用。

薪酬谈判：公司能开的价格、对候选人期望值的管理，以及谈薪技巧，是最后的临门一脚。

在金字塔原理中，其实也提到了流程的概念，但更像是本书前文提到的流程思考，而非流程化思考。

金字塔原理是纵向思考的结构，流程化思考是横向思考的结构。

思维导图——丢了一个枝杈能发现吗？

21 世纪初，一种思维工具——思维导图被引入到了国内，风靡了很长时间（如下图所示），现在，我们依然可以看到，很多人喜欢用思维导图的方式来画出问题或某一类知识的逻辑结构，市场上也有不少画思维导图的工具，用起来也很方便。

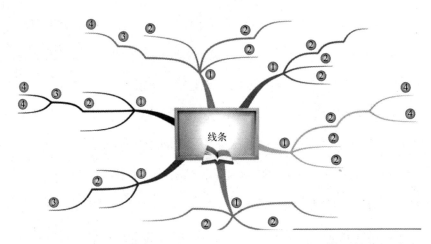

我从 2001 年开始接触思维导图，但从开始学习时，就有一个很深的感触：思维导图本质上是一个思维辅助工具，不像金字塔原理一样，是真正的思维工具。这个观点，我至今没有变。

思维导图以其形象化的方式，能用图形，有趣、生动地表现出事物的结构关系——但这里面的结构关系是否严谨，是否有遗漏，思维导图本身很难提供保证或验证。

思维导图就像一棵树，从最中间的根开始，一层一层展开，每层上都有很多枝杈，每个枝杈可以继续分成更多的小的枝杈。但如果第三层的一个枝杈被遗漏了，显然这个枝杈下的所有内容都将被遗漏。一般来说，越靠近根部的枝杈，越不容易丢失，而离根部越远的枝杈，遗漏的风险也就越高。

但如果使用流程化思考，我们遵循前后环节之间的关系，就不容易出现遗漏。

从本质上说，思维导图与金字塔原理类似，属于分类思维模式。

当然，流程化思考也不是万无一失的思维方式，所以在构建系统思维的时候，除了流程化思考，我们还需要加上本书后半部分描述的分类与验证的思维方式。

六、流程化思考的核心要点之一——软逻辑与硬逻辑

流程化思考，是通过寻找事物之间的先后顺序，对问题本身及其解决思路进行梳理的过程。在对流程化思考形成了整体概念后，我们需要进入到流程化思考的具体环节，研究环节和环节的先后顺序，而这种顺序本身，就是本小节标题中提到的与逻辑相关的具体内容。

按照时间来梳理事情，有两类情况，第一类情况是时间线条是清晰的，例如，早上起床，先洗漱，然后吃早饭，再去上班，这个时间线条是清晰的。

还有一类情况，就如前文所述，对能力进行分析时，其时间线条是不清晰的。关于这种情况下前后环节之间的逻辑关系，我们会在后面的相关小节中进行分析。

但不管时间线条是否清晰，前后环节之间，都存在着两种顺序 / 逻辑关系：硬逻辑和软逻辑。

所谓硬逻辑关系，指的是事物的前后顺序没有选择余地，必须先做完一件事后再去做另外一件事情，这种逻辑关系是

不能改变先后顺序的。硬逻辑关系决定了我们做事必须遵守的规则。

比如我们早上起床以后刷牙，要先把牙膏的盖拧开，然后才能把牙膏挤出来，这个顺序是不能颠倒的，或者说，你得先买个牙膏，然后才能用，这个顺序就是硬逻辑关系。

类似的例子还有：得先有份工作（无论全职还是兼职），才能挣到工资，先安检，才能上飞机，等等，这样的情况生活中无处不在。

但在现实中，我们还会发现，事物的先后顺序，并不一定是永远固定的。有的时候，A环节在前，B环节在后，这个顺序不能打破；但有的时候，A和B谁在前谁在后，对结果并没有什么影响。

比如说洗脸和刷牙，每个人可能都不太一样，刚开始工作住集体宿舍时，我发现有的同事是先洗脸再刷牙，而我则是先刷牙再洗脸。这两种做法并没有对错，可能就是习惯的问题。当然，也有人在早餐后才洗脸、刷牙，据说这个顺序对口腔卫生会更好。

这种无所谓，可按自己心情或习惯随意调节顺序的事。就是另外一种关系，叫软逻辑关系。也就是，A和B两件事情，先做A也行，先做B也行。但需要注意的是，在某些时候，到底先做A还是先做B，会有根据经验和惯例的更好的做法。如果没有采取这种做法，结果可能会完全不一样。

如果要对软逻辑和硬逻辑进行对比的话，不妨这么去看：硬逻辑是常识，软逻辑是习惯。常识的建立一般不需要太多重复，因为没有选择；而习惯的建立则不一样，因为行为的先后顺序有选择，所以我们需要通过多次重复弱刺激来塑造（关于刺激理论，有兴趣的读者可以阅读本书作者的另外一本著作《痕迹识人》）。

比如说妈妈对孩子进行的各种教育，就包括了这两部分，一部分是作为硬逻辑的知识教给孩子，还有更多的一部分是把软逻辑的经验或知识教给孩子。比如妈妈对孩子说：宝宝，一定要先洗手或先把水果洗干净才能吃——一定要先做什么然后才能做什么，看起来是必须的，其实不是，这只是父母在向孩子传授软逻辑的知识和经验。

硬逻辑的特点是，前后顺序无法改变，下一步行动必然在上一步行动之后。

硬逻辑在工作中通常无须过多学习，因为它更多是基于本能和个体成长过程中得到的训练和生活常识。就好比手被火烫了，马上会缩回来；不接通电源，无法打开电视；瓶盖不打开，就无法喝到里面的水，等等。

需要强调的是，硬逻辑并不意味着，事物前后的逻辑关系一定不能被打破，而是一旦打破这种逻辑关系，通常会带来很糟糕的后果。手被火烫着了，你非要放在那不动，别人也拿你没办法，对吧？

就像下面这则新闻，就是典型的因为打破了硬逻辑，带来了很不好的结果。

学生点×××外卖被炸伤眼睛 加底料顺序错了！

当然，工具和技术的进步，也有可能将那些过去我们普遍认为是硬逻辑的前后顺序打破，甚至让原本的逻辑关系彻底消失。

很多年前，手机刚出来的时候，插拔 SIM 卡，一定是在关机之后，取下后盖，拔掉电池，才能放入的。但现在插拔 SIM 卡，已经无须关机就可以直接插入了。这就是把硬逻辑变成了软逻辑，甚至把是否关机与插拔 SIM 卡之间变成了没有逻辑的关系。

这里说个题外话，当我们把那些让我们过去必须遵循，但体验差的硬逻辑，变成软逻辑甚至无逻辑关系之后，颠覆式创新的切入点就出现了。

特别典型的例子：十年以前，我们乘坐飞机，还需要先拿到纸质的登机牌（哪怕是自己打印的，也得有），然后才能登机。但现在，只需在手机上提前办理好乘机手续，登机时出示二维码即可。我估计，随着技术进步，将来很有可能连二维码都不需要，直接扫脸即可。

这几十年来，我们可以看到身边很多过去是硬逻辑的行为方式，都被新技术给打破，甚至导致某些行为几乎都消失了：过去我们必须有现金才能去消费，而现在，电子支付让我们出行逛街带部手机足矣，很多 ATM 机由于成本收益的不匹配被纷纷撤掉，很多孩子可能已经没有再见过这个曾经是父辈生活必需的机器；以前想骑自行车出行，得买辆或借辆自行车，现在找到附近的共享单车即可；过去想和某人通话，必须得打电话，现在用微信不光可以通话，还能视频；三十年以前，如果上班发现重要材料忘拿了，要么得自己回家取一趟，要么就是让家里人送过来。但是现在，你可以选择让闪送帮你取，帮你送。

类似的例子，不胜枚举。

硬逻辑还与思想认识和受到的教育有关。如果从小的教育大都是循规蹈矩，头脑中的硬逻辑就会很多，也就是思维会被条条框框限制，会较慢接受一些颠覆式创新的行为。因此，在对孩子的教育中，在遵守法律法规和社会的公序良俗方面，应该让孩子循规蹈矩，但在解决问题方面，不要给太多束缚，否则，我们无意中会扼杀很多天才的创意。

硬逻辑关系的改变，往往会带来变革式创新。这种创新如果能成功，其带来的变化，要远远大于我们后面要讲到的改良式创新。因此，对于致力于创新的人来说，可以从打破原有的硬逻辑的角度来思考创新的突破点。

不妨思考一下，以下这些硬逻辑，未来是否有可能被打破？

➢ 不乘坐各种交通工具达到旅游景点，就无法感受到当地的美景；

➢ 只有通过长时间的学习，才能掌握一门外语；

➢ 得了重症，一定要接受手术、化疗、放疗或其他治疗方式，才有可能痊愈。

对大多数人来说，我们通常不具备打破硬逻辑的能力，更多的是遵循。因此，本书在除了颠覆式或变革式创新外，在正常分析和解决问题的过程中，不再对硬逻辑进行过多讨论。

在运用流程化思考时，我们真正需要关注的是另外一种逻辑：软逻辑。

软逻辑关系的形成，通常与习惯、经验有关，通过对过去经验和教训的总结，人们发现当按照某种逻辑顺序去安排事务时，效率和结果可能都是最佳的选择。

但这种最佳选择，对每个人来说，可能是不一样的。就像对你而言，先洗脸再刷牙是最佳选择，而对我来说，反之才是最佳选择。

理解这个原理，我们就会发现，生活中，有些人的强迫症，就体现在此，明明是软逻辑关系的行为，非要自己或他人按照硬逻辑的方式去做（其实是按照自己的软逻辑来做），这就会导致周围的人很难理解和适应。

软逻辑关系在生活中无处不在，除了前面讲的洗脸刷牙的例子外，在家做饭的时候，如何安排做饭的步骤，对最后的结果也有影响。

肉类加工的时间通常比较长，而蔬菜类的食物相较肉类更容易做熟，所以有做饭经验的人，一般都是先把肉类处理完，上锅炖上，然后再洗米做饭，处理蔬菜。这样，等肉熟了，其他菜也做得差不多了，不会出现有的菜早早出锅，等可以吃饭的时候都凉了的情况。

对于从事管理的读者来说，也可以思考软逻辑的原理在组织中的运用问题。当组织变得越来越大时，对市场的感受就会越来越迟钝，由此做出的反应也越来越慢。因此，很多公司会采取扁平化的组织架构，或者采取去中心化的管理模式，来解决对市场的反应速度问题。但我们需要知道，这种做法本身，其实并不是解决对市场行为做出反应这件事，而是从管理者的角度，对员工进行授权，将解决这种问题的权力，交给了更接近一线的员工。也就是把软逻辑中的顺序选择权，交给了下级，因为他们直面问题，所以可以更快地去试错和调整。因此授权不仅仅包括了让员工自己决定怎么做，也包括了让他们自己决定，先做哪个，再做哪个。

软逻辑对我们来说，有以下三方面的意义。

（一）首先，我们通过学习软逻辑关系，可以较快掌握新技能的要点；好的经验传授者，一定也会把其中的逻辑顺序非常清楚地表达出来。

不知道你是否还记得以前上学时，坊间流传过的考试技巧？除了"不会就选 C"以及"三长一短选最短"之类可靠性其实并不高的内容之外，还有在考试时，如果遇到题目不会做或者很难时，不要纠结，先把后面会做的做了等。这就是软逻辑中所包含的经验。

当你学习一项新的体育项目时，如果有教练，教练的水平，从他表述的重点就可以观察出来。好的教练，会告诉你要点，特别是先做哪个步骤，再做哪个步骤，而训练经验不那么丰富的教练也会把这些内容告诉你，但并不会清晰地强调其中各个环节的先后顺序，直到发现你遇到问题，才会帮助你去纠正。所以，为什么我们开始练习一个项目时，通常都是从分解动作开始练起，因为要把每个环节的动作都固化下来，也就是要把动作和动作之间的顺序固化下来。

因此，在学习新的技能和方法时，一定要观察有经验的人，要关注他们做事或行动的顺序，这也是下一章我们将接触到的概念——隐含逻辑。

（二）其次，软逻辑关系的调整，也能带来流程的优化和创新。

很多年前，我们去相关部门办事或盖章，可能需要跑很多地方，非常浪费时间，效率也低。这些年，大多数发达地区，都搞了类似"一站式"服务的便民举措，给群众办事节约了大量的时间，这就是软逻辑关系的调整，带来的流程优化。

而科学技术进步带来的便利，更能帮助软逻辑进行及时优化调整，带来更好的使用体验。

很多年前，我第一次去一家高端医疗机构体检时，就被震撼了一下，留下了非常深刻的印象。之前体检，检查哪些项目是固定的，但检查顺序是不固定的，一般都是抽血、验尿之后，看哪个项目排队的人比较少就去哪一个。但因为各个项目的检查部门并不都在你的目力范围内，而且前面排队的人，检查时间的长短你也并不清楚，这就会导致你排队的选择会有很大的随机性。

而去这家机构体检时，在前台登记拿号之后，就会在要去检查的科室门口的电子显示屏上，看到自己是第几位，需要等候的时长，检查之后，大夫会看系统，然后告诉我接下来去检查什么项目等候时间最短。

每个人检查的顺序显然是不一样的，但这样的系统，可以大大减少每个人的无效等待时间，同时，也能做到让各个科室的负载基本均衡。这种做法，现在已经成为体检机构的基本配置了。

除了应用技术进步带来的软逻辑优化外，大数据也可以通过对用户的行为分析，判断出什么样的前后逻辑顺序，是最符合用户的使用习惯的。比如银行的 App，有的人用得最多的是查账功能，有的人用得最多的是理财功能，在积累了一段时间的数据后，App 可以做到根据每个人的使用习惯差异，为其设计出高度定制化的使用流程。

有兴趣的话，你可以和身边的人比较一下自己的支付宝首页，看看你们显示的是不是一样的。

但需要注意的是，软逻辑关系有一个很有意思的特点，就是一旦改变了这种逻辑关系，就需要重新去适应，而这个适应的过程，可能会带来效率的降低，带来心理感受的落差。当然，如果适应了，这些负面感受可能也会慢慢消失。

所以，如果你要改变软逻辑关系，就要考虑在新的流程中，使用者的感受，以及如何能让对方尽量少地产生负面情绪。具体的方式，可以在使用前，就让对方看到或感受到有好的变化，或给用户一些补偿，或者对对方的期望值进行管理等。

有一次，我去某银行办业务，大堂的工作人员让我下载他们的App，然后用App来约号，搞得我觉得很麻烦。当时我问对方，不用App能不能拿号，对方说也可以，我就没下载，直接拿了号。但后来因为其他原因下载并且使用这个App之后，我发现这个App还是挺好的，可以减少很多不必要的等待时间。比如你可以通过App查看此时在银行大厅等候排队的人数，来计算你的到达时间。

虽然，这十多年，国内的互联网行业发展迅猛，但有些平台或商家为了获得更多用户，在既有的软逻辑中，又增加了其他环节，在用户体验方面起到了负好感。比如扫码点餐，本身这个行为可以让用户的选择更直观，我点了哪些菜，不用问服务员，进购物车一看就清楚了。但我就曾经遇到过，点完菜下单时，弹出对话框，必须要我注册，而且注册的时候还得写姓名和出生日期，这让我非常

不解，吃个饭还得查户口吗？遇到这种情况，我一般都是放弃自己
点餐，把服务员叫过来人工点餐。

还有现在招聘网站的变化。早期的招聘网站无须任何注册就可
以直接在网站上查找很多信息，而现在浏览招聘网站你会发现，如
果没有注册或登录，你在网站上获取的信息会很受限，至少在操作
上会更加麻烦，看到的信息也并不完整。这就是顺序的改变所带来
的结果。尽管招聘网站这么做，很重要的原因之一是防止被其他网
站抓取信息，但对普通用户而言，用户体验的确变差了。

上述这两个都是典型的调整软逻辑，让用户体验变差的例
子。所以，软逻辑的调整，肯定是基于目标出发，但在调整的时
候，一定要意识到，这种调整，往往带来的是使用者既有习惯的
打破，而我们对于习惯被迫的改变，都是有下意识的抵触心理。
如果不能让使用者在调整之后获得好处，这样的调整就很难获得
好评。

（三）当软逻辑被打破时，带来其他差的结果。

当出于各种原因，我们必须要调整软逻辑时，也要对其带来的
后果有所预见，比如：成本的增加，质量出现问题，工作出现遗漏，
等等。

在过去的几十年里，中国的发展速度很快，在很多工程类项目
中，不管出于商业目的或其他原因，很多建设项目都存在赶工的情
况。正常需要一年完成的项目，可能需要在十个月内完成，由此导
致有些项目竣工后，在使用过程中，不断出现各种漏水、建筑表面

开裂、地面沉降等问题，给使用者带来了无尽的困扰。

需要注意的是，软逻辑和硬逻辑并不是永远不变的，今天的硬逻辑，可能会变成未来的软逻辑。科技进步带来的变革和创新，就有可能打破既有的硬逻辑。

比如我们现在如果需要做手术的话，都需要先住进医院，然后才能找大夫做手术，但未来有没有可能是租一台机器人，医生通过远程操作的方式就把手术完成了？

现在我们想使用移动网络打电话的时候一定要先有手机或电脑，但未来一定要先有手机或电脑才能打电话吗？从目前的发展趋势看，可穿戴设备完全有可能替代手机或电脑。如果脑电波的技术成熟，那可穿戴设备也有可能会被淘汰，信息的传递只要脑子一动，就瞬间完成了。

我写这本书，是在电脑上打字完成的。我试用了几个语音录入软件，尽管我的普通话还不错，但识别率还是达不到我的要求，来回修改还不如直接打字更快。但未来有没有可能，只要我脑子一动，字就自动敲出来了呢？好像霍金试用的高科技轮椅，已经有了类似的功能了。

当传统的硬逻辑被成功打破时，往往意味着新的技术，新的模式，革命性的新产品诞生了。这种创新往往要比对软逻辑的顺序调整所带来的创新程度会更高。但不管从哪种逻辑关系的研究入手，都有可能发现创新的突破点。对于如何从软逻辑切入找到创新点，本书后文将详细叙述。

七、流程化思考的核心要点之二——明显逻辑与隐含逻辑

由于硬逻辑基本无法调整，所以在运用流程化思考时，我们需要聚焦的是软逻辑。

软逻辑中又有两种情况，如前文所述，一种是时间线很明显的，由于时间线比较明显，所以各个环节很容易被看出来，环节本身不容易丢失，各环节合理的先后顺序也比较好判断。

比如，上级在正常情况下，给你布置的一项工作，回去以后你一琢磨，发现有些要求好像不是很清楚，那就再去找领导问问，回来再干，而不是自己瞎琢磨着干。

还有，你需要出差了，准备出差之前，怎么也得跟领导汇报一下，他同意了再走，而不是先订票，安排好行程再跟领导汇报。

还有一种是时间线不明显的。因为时间线不明显，所以就意味着其中的环节可能是隐性的逻辑，无法直接被发现或观察到。

为了更好地理解这两种软逻辑的差异，让我们还是先从实例说起。

先跟谁谈？

先看一个我在上课时经常让学员讨论的案例。

你作为上级，发现团队内有两名员工之间似乎有矛盾，但表面上他们表现得倒是一团和气，你感觉这种情况的存在会对团队的合作产生影响，因此你准备了解一下真实情况。假如这两位员工，一位是老员工，一位是新员工，请问你会先向谁了解情况？

上课时，有的同学会说，先从老员工开始啊，因为相对而言，你对他的信任度可能会更高，他更有可能告诉你真实的情况。也有的同学会说，先从新员工开始，因为老员工往往可能会考虑得太多，有些话未必会直说；而且在发生冲突时，很有可能是新员工受到了委屈，你要是先问老员工，万一老员工先告状，后面你再和新员工沟通时，容易产生偏见。

听下来似乎都有道理。但是真正好的做法，应该是跟团队内的其他成员去了解（这是一个典型的选 A 还是选 B？答案是选 C 的问题）。根据心理学上"优先效应"的原理，不管你先跟老员工还是新员工谈，都有可能产生偏见。

当然，向其他员工了解情况，理论上也存在我们谈话的人由于他们的倾向性，使得他们的表述并不客观的现象。但相对来说，非当事人在评价时，客观性显然会更高一些。而且，在实际操作中，你可以根据你的经验，选择看问题更客观、更理性的员工去了解情况。

明显逻辑与隐含逻辑

上面这个案例，先和其他员工问询，就是前面提到的，难以被发现的环节。这类环节，我们称之为处理问题中的隐含逻辑。如果不能发现在流程中存在的这种隐含逻辑，或者隐含逻辑所在的环节，问题的解决可能就要和你的设想大相径庭。

相对于隐含逻辑，其他容易被发现或观察到的逻辑则是明显逻辑。

发现隐含逻辑包括两个含义，第一是发现流程中那些并不明显的环节，避免一旦有环节缺失，就造成整个流程会有所缺失的问题，造成最后的结果会出现明显的差异。第二是发现环节之间合理的先后顺序，也就是上一章提到的更合理的软逻辑。而这个先后顺序的调整也会对事物最后的结果产生很大的甚至决定性的影响。那么当无法发现隐含逻辑时怎么办？

科学探索就是在解决一部分这样的问题。例如，是什么原因导致了新冠疫情的发生？我们还不知道。抑郁症和基因有关吗？我们也还未探索出结果。

当我们看不到事情的隐含逻辑时，我们对问题的解决就是盲目的。而一旦这些隐含逻辑被发现，相关领域的技术和水平，就有了产生飞跃的可能。

流程化思考的难点，核心就在于发现隐含逻辑。而发现隐含逻辑的能力其实就是一个人能力的直接体现。

这两年，我给一家行业中的独角兽公司做顾问。前一段时间他们找我，跟我商量想做公司组织架构的调整。事情的起因是前一年我在帮这家公司做组织结构设计时，根据公司的业务现状，我建议公司采取了矩阵式的管理模式。而实践一年下来，发现有很多问题，特别是资源冲突非常激烈。公司创始人觉得，项目型的组织结构虽然很好，但在这家公司当下的管理能力下并不适用。因为项目型管理或矩阵式管理，对于管理人员的协同性的要求是很高的，甚至要比传统的组织结构更高，这对管理人员的沟通能力、协调能力等，都带来了很大的压力。而这家公司的管理人员相对都很年轻，职业经验、管理经验都比较缺乏，即使是在传统的职能制的管理模式下，管理起来就已经比较吃力了，再增加项目制这种跨团队协同管理，更使得问题频出。

因此，公司创始人觉得，当前很多问题，是由于组织结构本身的设计所带来的，虽然这种组织结构可以让公司资源使用更优化，但考虑到现有的管理能力和资源情况，他们觉得还是回归传统的职能制管理会更好。

这个逻辑听起来还是很合理的，所以我们在开始讨论问题时，确实是倾向于怎么调整组织结构的。但讨论到一半，我发现，当前遇到的管理问题，似乎并不主要是由于项目制的组织形态所带来的。所以我们开始重新审视这个问题，运用流程化思考，试图通过问题的现象去发现问题背后的真正本质。

这家公司当前遇到的问题是：管理人员无力处理各种资源争夺

的冲突，这是问题的表象。

最开始，我们使用的逻辑是这样的，叫先组织——再团队——再个人。这是什么意思呢？就是组织中的绩效结果，跟组织整体，比如说业务流程、组织结构、企业文化有关；跟团队，例如团队管理者的领导力、工作分配有关；同时也跟个人，如员工个体的能力和态度有关。对员工绩效结果的影响大小，也是按照这个顺序来排列的。

换句话说，个体工作得再好，但整体的组织结构设计有问题，业务流程有问题，或组织文化出了问题，个人的工作效率也不可能太好。而如果只是员工个体的问题，对整体组织运行结果的影响却并不大（如果发生所有员工或大部分员工都有问题，那一定是组织出了问题，例如文化、规章制度、奖惩机制等）。

基于上面的逻辑，我们在解决问题时，首先从组织这个环节去思考解决方案。但组织结构的调整，是一项牵扯面非常广的工作，要考虑和平衡的地方非常多，稍有不慎，不光达不到目的，还有可能导致越调越糟糕。

所以，讨论到一半，我们更换了处理问题的逻辑顺序，从反向的角度，变成了先个人——再团队——再组织的顺序来考量。也就是把面临冲突最激烈的几个团队负责人单独拿出来，一个一个讨论以下两个问题：

如果换了人，比如换成我（假定我也懂他们的专业），或者他们觉得其他不错的同事来做这个团队的负责人，那现在的问题是否能得到根本性的好转？

——答案：是。

换成职能制之后，还是现在的团队负责人，冲突能不能明显减少？

——答案：否。

这两个答案一出来，结论其实就出来了，很多管理冲突，并不是矩阵式的组织结构带来的，而是团队负责人在管理能力上的缺失导致的。

我们按照这个思路发现了两个关键的团队负责人，只要这两个人的管理能力能达到要求，资源冲突的问题就能得到很好的解决。

按照这个思路梳理完之后我们发现，其实我们面临的并不是组织结构的问题，而是人的问题，但是由于产生问题的原因，不是单独的一个个体，而是多个个体，特别是这些个体还是团队管理者，所以最后呈现的结果给人的感觉就是组织的问题。所以，如果没有把问题的实质搞清楚，直接就去做组织架构的调整，显然是不正确的。

现在，问题清楚了，答案也就清楚了，要么换人，要么重新配置团队负责人，用"搭班"的方式取长补短，同时，我对这几位团队负责人也进行了一对一教练辅导，希望能尽快帮助他们提升管理水平。

上述这个案例，就是运用流程化思考，通过发现隐含逻辑，来寻找到问题的真相及解决办法。

你的隐含逻辑是我的明显逻辑

在掌握关于隐含逻辑的概念时，需要强调的是：对同一件事情，逻辑关系到底如何，到底是明显逻辑，还是隐含逻辑，每个人的观点可能是完全不一样的。这一点，因为在管理工作和个人成长中非常重要，所以我们在本小节多聊几个案例，以便读者加深印象。

想象一个场景：到年底了，要写工作计划，请问你会先写一个工作设想发给上级，然后和他沟通，还是先跟你的上级沟通，之后再写你的工作计划和设想？

我相信有的人会说前者，有的人会说后者。这两个答案都是对的，也都是不对的。因为到底先做哪件事情，其实取决的是你上级的管理风格。

如果你的上级是一个很有想法并且控制欲很强的管理者，那我的经验是：先跟他沟通好再写，这样写出来的东西会更容易符合他的想法和需求。

但如果你的上级没有什么想法，或者说授权非常充分，给了你一个完全自由发挥的空间，那你先写好了给他，再跟他沟通，可能要比先跟他沟通，会让他的感受更好。

上面的逻辑关系，显然是软逻辑，但这个逻辑到底属于明显逻辑，还是隐含逻辑呢？

仔细想想，就会发现，在进行选择之前，我有一个环节，就是判断上级的风格。这个环节放在了写计划和汇报之前。因此，答案很清楚：这是隐含逻辑。有这个环节和没有这个环节的区别，在于后面的选择是出于思考之后的决策，还是没有多思考的下意识行为。

但对于我来说，这个却并不是隐含逻辑，而是明显逻辑。因为在处理类似问题时，在我大脑中已经建立的动作流程，清楚地包含了这个环节，所以，这个环节并不是很难被发现和观察到的。

发现问题了吗？你的隐含逻辑，对我来说，是明显逻辑。

再问你一个问题，在炒青菜时，应该中间放盐还是最后出锅前放？如果你有做菜的经验，你肯定知道，在出锅之前撒上一些盐即可，如果在烹制过程中就放盐，会导致青菜内的水分被渗出，影响菜的口感。

但对一个没有做菜经验的人来说，他很有可能在青菜下锅之后，就把盐撒了上去。所以千万不要认为，很多事怎么做是理所当然的。如果这个人从来没有过相关经验，你用看菜鸟的标准来看他，可能会更好地理解他的一些行为。

我大学刚毕业住集体宿舍时，那会工资很低，单位食堂不提供晚餐，总出去下馆子又吃不起，所以每天下班后就需要自己做饭。

当时宿舍里住的大部分都是像我这样的单身汉，男生居多，不少人从不开伙，因为也不会做，他们就时不时跑到我这里蹭饭，尽管我当时手艺一般,但好歹做出来能吃。

隔壁有个同年参加工作的同事,是外地来京的,估计家里条件不错,家务水平趋于0。有一次我逗他,说他不光懒还笨,把这个同事逗急了,说自己是会做饭的,就是懒得做而已,大家一起起哄,让他做一个菜。这个同事受不了激将,嚷嚷道:那我给你们炒个鸡蛋吧。然后起身,拿起酱油瓶和鸡蛋,直奔我的锅而去。我一看,要坏,赶紧给拦住。我说你准备怎么做啊?他说,那还不简单,点火,然后把酱油倒在锅里,再把鸡蛋打进去就行了呗。我说算了吧,那是我的锅,我还想要呢。你看,炒鸡蛋的流程在我的脑海里就是明显逻辑,但在这位同事的大脑里就是隐含逻辑。没记错的话,那次还是我做的饭,他主动去刷的碗。

二十多年前,我刚学完车没多久,有一次借了一辆自动挡的车去练手(那会不像现在,可以找租车公司租,主要原因有两个:一是租车公司极少;二是更为关键的,我的确没钱)。在那个年代,自动挡的车并不多见。由于我学的是大货车,属于手动挡,在借这辆车之前没怎么开过自动挡的车,所以闹出了不少笑话。一次,当我停好车办完事再上车打火时,发现怎样都打不着了。检查了半天也不知道问题在哪,因为借的是一辆快到报废年限的老车,当时我还以为是车坏了。然后我给借车给我的朋友打电话求助。他问了我几个新手常常意识不到的问题,比如还有没有油啊,起动机能不能打着啊之类的,但发现这些都不是车无法启动的原因,他想了一会儿问我:你是不是之前熄火的时候直接就把挡位挂在了前进挡上?我一看，嘿，果然如此。他说，你把挡位调到 P 挡再试试？果然一试车就着了。

在开自动挡车时，我们受到的训练是：熄火前应该将挡位挂在 P 挡或 N 挡，在启动前需要检查挡位是否挂在了 P 挡和 N 挡上，否则你将无法启动——对于学车学的就是自动挡的人来说，这是新手都应该知道的常识，但别忘了，我学的是手动挡，没人教过我自动挡啊。

很有意思吧，从前面几个例子里，我们都可以看到，对一部分人来说，简单至极的常识，对另外的人来说，就是一个完全陌生的领域。这也是导致我们在工作和生活中，认知产生差异的原因之一。

理解了这个原理，你如果是管理者或是某行业的资深人士，就应该能意识到，为什么有的时候你带下属或年轻人时，会有一种无力感了：为什么这么简单的事情，还需要我来说！

所以对于管理者来讲，在工作中一个很重要的要求，就是把对自己而言是明显逻辑，但是对员工而言是隐含逻辑的那些点能够快速地找到和挖掘出来，然后把其中的经验传授给他们，这个对于员工的成长是非常重要的。

例如，当你的上级越过你，直接给你的新人下级下达任务而你并不知道（不是故意要瞒你，就是顺便），你在了解后，就要告诉新人，以后遇到这种情况，除了工作要完成之外，还要及时跟你汇报。因为如果他没有做好，你是要承担一定责任的；同时，你给他的工作安排与他的工作量有关，如果你不了解他的工作状况，就有可能会让他的工作量超过合理负荷。

对有经验的职场老人来说，这个道理完全不需要讲。但别以为所有新人都会懂得这些道理，因为在学校时，没有人教这些。是的，这些需要你清楚说明，因为你的明显逻辑，恰恰是新人的隐含逻辑！

从个人学习的角度来说，我们需要做的是观察比我们有经验的人，了解他们做事情时的先后顺序，然后去琢磨这背后的道理是什么？把道理搞透彻，就意味着我们把隐含逻辑变成了明显逻辑。这种训练对于个人成长是十分有效的。

基于上述原理，我们就能发现一个判断他人能力水平高低的很有意思的视角：那就是观察对一般人而言的隐含逻辑，也就是大多数人看不出合理先后排序的事情，他是不是能不假思索、轻而易举地发现事物的最佳排序方式和处理过程。一个人在这方面的能力越强，通常也意味着他解决问题的能力和水平越高。

在面试时，我们可以运用这个原理，有效地观察候选人的相关工作经验和能力水平。比如，可以给候选人出一个比较复杂的案例题，在案例中涉及行动的先后顺序，而排序好坏，跟候选人的工作经验和管理水平是高度相关的。因此，通过行动的排序，以及候选人对这个问题的反应，我们就可以快速地观察到对方的能力了。

例如，我以前给大学生上面试技巧辅导课程时，给他们出过类似的例子：

假如你的直接上级乙总给你布置了一项工作，让你今天晚上不管多晚，都要把完成的结果发给他，然后他就坐飞机出差了。你做了还没一会，你的领导（乙总）的上级甲总又来找你，给你安排了另外一项工作，也要求你今天务必完成。你是新人，当时没敢跟甲总说，乙总走以前，也给你布置了一项今晚必须要完成的工作，这两件事你根本不可能在今晚同时完成。你要怎么办？

客观地说，这个问题对大学生来说，要答好，还是有一定难度的。有兴趣的读者可以琢磨琢磨，如果是你，你会怎么做。

这种方法，在面试中使用，要比在笔试中使用效果好。原因在于面试时，留给候选人的思考时间并不多，所以一个人越是下意识地、快速地做出反应，越是表明这种事物处理的先后逻辑关系对他而言，已经基本固化为他头脑中的认知和习惯，也就是我们讲的能力了。

同样的场景，貌似相同的问题，在不同的环境或场景中，它的处理顺序也是有差异的。真正的高手，能把其中的隐含逻辑变成明显逻辑，所以当他们在不同场景下面临相似问题时，不会固守原有的应对措施，而是能结合当下的情况，对各个环节的排序和具体做法进行有针对性的调整。

这就是为什么我们能看到，有的人在某些工作环境下，比如在外企或正规的大企业组织中，工作得如鱼得水，而一旦到了快速发展，尚未完成建章立制的民营企业，做事结果就往往不尽人意。原因有很多，但不可否认的是，这个人本身是否具备了在不同环境下灵活变通处理问题顺序的能力，是让他能够在这个环境中存活下来的重要的因素，而这恰恰也是一个人灵活性的展现和思维能力的体现。

概括来说，发现隐含逻辑的意义：不仅让我们知道该做什么，更重要的是知道该怎么做（按什么顺序）。

如何把隐含逻辑变成明显逻辑

当你能够把过去对你而言是隐含逻辑的内容，变成明显逻辑，你的经验和能力就都提高了。但把隐含逻辑变成明显逻辑，仅仅靠看书是不够的，更多还是来自实践后的总结，以及在总结基础上的举一反三。那么具体如何提高自己把隐含逻辑变成明显逻辑的能力呢？有几个方法可以帮助你。

（一）比较法

第一个方法叫比较法。就是在做事的流程中，同时思考两个动作或两件事情的顺序，先做哪个，后做哪个，效果更好。这种练习的过程有时无须他人参与，自己做出比对就可以得到结论。

例如，现在小视频的蓬勃发展，让很多人都可以在各种短视频平台上上传自己创作的视频。在录好视频之后，一般都需要做剪辑、加字幕、配音乐、配图片等工作。现在在加字幕时，有一些工具，可以直接把视频里的声音转变为文字，然后转化为字幕，但在这个转化过程中，识别的准确率并非百分之百。那么等字幕转化完之后，接下来：我们应该先剪辑再去纠正错别字，还是先纠正完错别字再去做剪辑呢？

你稍微思考一下就会发现，应该先把那些无用的片段剪去，再去做字幕的修正，要比先修正完字幕再剪辑，效率更高，也能避免一些无用功。

但很遗憾，这种在很多人看来并非复杂的思考，也不是所有人都能想到的。我就曾经看到，有些人的做法是先调字幕，调完字幕以后再重新修改片段，再去做剪辑，等剪完以后，才发现之前修改的很多内容根本用不上，既浪费了自己的时间，也浪费了别人的时间。

比较法使用简单，无须他人帮助，只要记住一件事就能有收获：走心。我们总说，工作中有人走心，有人不带脑子，这就是走心和不走心的区别之一。

（二）向专家学习

不要一说"专家"，脑子里想到的要么是领域里的泰斗，要么就是口吐莲花的骗子。这里的专家，指的是在某个领域内，有着丰富经验的人。这里的某个领域，甚至可以是任何一个细小的模块，例如做 PPT、写文章、处理冲突、销售、做饭、玩体育项目，等等。所以，在你擅长的领域内，你也是专家。

个体的实践经历毕竟是有限的，向有经验的人学习，可以更快地把他人的经验变成自己的经验。

在向专家学习的时候，又有两种方式：观察法和请教法。

观察法就是在那些有经验的、比你能力更强的人做事时，你去观察他们的动作细节。需要注意的是，观察的不仅仅是动作本身，还有他们的动作顺序。

想想看，我们学习某些运动项目时，教练们是不是都会先演示给我们看？

我回顾了这些年自己带过的几十个学生和后辈，在我看来有悟性的学生和后辈，他们身上往往有一个共性特点，就是他们在学习的过程中，有意无意地会时不时问出"先做哪个"这样的问题。

所以，请教法就是直接向有经验的人提问，特别是要问清楚选择动作顺序的原因。

实际上，这两种方法通常是结合在一起使用的，所以我们统一归类为向专家学习。

无论用哪种方法，都需要运用流程化思考，我们需要观察和请教的主要有以下三方面内容。

1. 行动的完整流程，观察和了解得越细越好。

2. 对各个动作之间的顺序要重点关注。思考在这些环节中，有哪些是以你过去的经验，完全不可能想到的环节，这些环节，对你来说，就是隐含逻辑。

3. 在了解的过程中，要不停地问自己，或问专家这样一个问题：这两个或几个环节的顺序能颠倒过来吗？如果不能，为什么？这是掌握软逻辑和一部分隐含逻辑的重要训练。

用这种方式学习，你可以比别人更快地获得专家经验中的精髓。如果你过去曾经无意识地这么做过，以后请继续有意识地进行训练。

还有一点需要注意，在向专家学习的时候，不同的人，隐含逻辑可能是不一样的，专家的隐含逻辑，对你来说，未必是最适合的隐含逻辑，一定要搞明白对方选择这种做事顺序的原因。

如果你听过比较多的线下培训，一定会发现，有不少老师，在下午上课之前，会花几分钟的时间让大家做游戏，或做做操，或互相按摩一下肩膀，然后再开始上课。很多刚入培训行业的培训师，看见其他有经验的讲师都这么做，就也把这个环节作为下午上课的一个重要开始。

我自己做过很多次学员，也讲了很多年课，从我上课的经验来看，只要学员别昨晚一宿没睡，我是有把握让学员不困的，靠的不是让大家做游戏，而是通过互动和讲述与课程内容相关的有意思的案例，调动起大家的兴趣，度过最困的那一个多小时。

如果年轻的培训师跟我学，当他缺乏这样的调动能力时，又没有使用其他培训老师用的游戏之类的技巧，效果可想而知。但如果这个培训师本身就是一个很有趣的人，光是他讲的内容，就足以让大家全程专注，这时，再添入游戏的环节，就属于画蛇添足了。

所以，在向专家学习隐含逻辑时，还需要思考，这个排序，是事物本身的规律所决定的，还是来自专家个人的某些特质，包括性格、价值观、习惯、能力等个性化的东西。如果是属于事物本身的规律，专家的做法可以直接采用，但如果是属于专家个人的某些特质，就要好好想想这个逻辑对你来说是不是最佳的隐含逻辑。

只有这样，才能做到在学习时不盲目，找到最适合自己的隐含逻辑。

（三）总结法

总结法与观察法相似，但不完全一样。总结法更多的是基于从过去的成功或失败的经验去发现其中的隐含逻辑，这个经验既可以是自己的，也可以是他人的；而观察法更多的是看他人的成功经验；总结法一般都是在事后进行，而观察法则是在事情的进展中实施的。

例如在互联网领域，特别是前些年以 C 端产品为主的互联网领域的创业活动中，我们会发现很多公司创业之后，采取的经营策略是边做、边想、边改。这种做法和程序开发中的快速迭代的思路非常相似。

换句话讲，整个逻辑顺序是先出原型试错，然后根据用户反馈修改上线，然后再改，再使用。在快速的迭代中实现产品的升级。

　　但在传统领域中，我们往往采取的方式是先想清楚了再去做，以确保上线的产品或推出的产品不会有太大的问题。再做升级和修改时，新的产品和版本与上一次的产品和版本，中间间隔的时间往往会比较长。

　　为什么会有这样的差异？背后的逻辑在于，互联网的快速发展，改变了我们获取信息的方式和渠道，这使得用户对于产品的意见，可以被快速搜集到，显然，大多数用户的意见，一般要比产品经理自己头脑中所想象的东西更合理，更符合实际的使用场景。同时，互联网产品还有一个特点，生产制造和修改的成本，包括它的替换成本，相对传统产业而言并不高，可改变性较强。但传统产品不一样，传统产品在设计完之后，例如汽车，从设计师开始构思到画图到建模到量产，这个过程中我们会发现，一个产品如果没有想清楚，等开始量产后再去调整，成本极高，甚至会拖垮企业。因此，传统产业往往要求想清楚再去做。

　　概括起来，互联网行业的产品流程逻辑是：出原型——上线——修改——上线——修改。而传统产业的产品流程逻辑是：出原型——仔细推敲修改——上线。这两者背后隐含逻辑的差异，来自于两类不同业务或产品的特性差异。

　　上述思考是我自己进行总结的结果，严格意义上来说，既使用了观察法，也使用了总结法。因为我自己曾经创业做过互联网的产品，很遗憾没有做起来。没成功的原因当然有很多，但对上述两类不同产品的隐含逻辑的理解不到位，肯定是原因之一。

（四）复盘

复盘是围棋中的术语，意为在对弈结束后，按照落子的顺序，将整个对弈的过程进行重现，然后分析哪一步如果换一种方式下，会不会更好。

将复盘这种方法用于工作，国内最早使用的知名企业据说是联想。在进行复盘时，要点是一定要按照流程来进行回顾，除了分析每个环节上，是否有更好的手段外，还需要分析各个动作之间的顺序是否有更好的选择，以及是否应该增加或减少某些环节。

复盘本身就是进行总结的一种方式，但与总结法不一样的地方在于，总结法所梳理的内容，不仅仅是自己做的事情，也包括了其他人的工作和流程，而复盘针对的主要是自己曾经完成的工作或项目。

复盘这种手段，在工作和生活中都可以使用，而且既可以一个人自己做，也可以与工作的参与者加上外部专家一起来完成。通过复盘，可以帮助我们不断提升相应的工作能力。

下面来看一个场景。

妻子端出了一盘绿色的面条，跟丈夫说："今晚尝尝我的新品——苦瓜面"。

丈夫看着绿色的面条，笑嘻嘻地说："这么绿，会不会苦瓜汁放多了，太苦啊？"

妻子脸一拉："还没尝，你怎么知道会太苦？"

丈夫：……

丈夫吃完一口后，妻子问："怎么样，苦吗？"

丈夫："不苦。"

妻子："那你没吃就嫌苦。"

丈夫闷头吃面。

显然，这段场景之后，丈夫很尴尬，妻子也不开心。

运用流程化思考，我们进行一下复盘，把整个过程重新回顾一遍，会发现同样是关于会不会有点苦的疑问，换个顺序来表达，再加上缺失的环节，效果可能会完全不一样。

妻子端出了一盘绿色的面条，跟丈夫说："今晚尝尝我的新品——苦瓜面。"

丈夫看着绿色的面条说："老婆辛苦了，好漂亮的面条啊。我得赶紧尝尝。"

丈夫吃完一口后，对妻子说："本来以为会有点苦，结果一点都不苦，给你点赞！"

后面的场景就不用再描述了，结果肯定是双方都很高兴。

上面的复盘，是从丈夫的视角，当然我们也可以从妻子的视角进行复盘。

在上面的场景中，引发不愉快的环节，是丈夫对妻子做的面条是否会有些苦的疑问。但从整个流程中我们仔细观察，会发现当妻子端出自己试制的新品时，她希望得到的是丈夫的夸赞，而不是质疑。虽然妻子也知道，第一次试做，有可能做成，也有可能做不成，但至少她希望自己的努力能有正面的回应，哪怕最后得到的反馈是面条做得并不成功。再反观丈夫，在表达时，缺少了一个很重要的环节，就是对妻子努力的肯定。肯定包括两种方式，一是口头上的赞美，二是用尽快开始吃面这种行为来表现。哪怕丈夫把面条夹起来往嘴里送，还没进嘴之前，说一句"应该不会太苦吧"，妻子的反应估计都会跟第一个场景一样，因为这时她需要的正面回应，丈夫已经给了。

再往深里想这个例子，你会发现，丈夫在表达自己的想法之前，少了一个环节：共情。你可以仔细观察身边情商高的人，与情商低的人相比，他们一个很重要的特征就是，在表达自己的想法或观点之前，先共情，然后再说观点，这就会让对方在交流时感觉到舒服。

这个共情的环节，对情商高的人来说，是明显逻辑，因为已经变成了下意识的习惯，而对于情商低的人来说，则是隐含逻辑，不经他人提醒，很难意识到。

（五）借助数据，进行分析

不知你是否观察到，有很多 App，例如：支付宝，用户在使用时，进入主页面后，使用的哪些功能比较多，相应的菜单或按钮就会自动移到前面。

大数据的厉害之处，就是能把很多隐含逻辑变成明显逻辑。因为通过数据分析，可以观察到客户行为的先后顺序。

这里，向专家学习，可以理解为是一对一的请教，而通过数据分析，则是可以理解为在对大多数人的行为进行归纳，从中找到最合理的逻辑排序。

在上述五种方法中，总结法和复盘是可随时使用的方法，持之以恒地练习，会让我们的思维能力以及其他相关能力都有明显提高。

这个世界，所有事物之间，都有着或近或远的潜在联系，但很多内在的关联，属于隐含逻辑。当然，发现这些隐含逻辑，与对行业或事物的了解和经验有关。能力强的人，能发现这些事物之间的隐含逻辑，并将其变成对自己而言的明显逻辑，就能比其他人更快、更透彻地发现事物的变化规律，对未来的大势做出预判，从而做出相应的准备，甚至让自己成为时代的弄潮儿。

练习：以下三种场景，请思考合理的顺序是什么。如果你无法确认，请观察身边专家的做法。

➢ 假如你是一个管理者，在给员工做绩效反馈的时候，讲完今天沟通的目的之后，接下来，应该是管理者先说，还是让员工先说？

➢ 现在你是一个公司的总裁（最高管理者），你在和你的高管团队开会，你有一个很重要的想法，需要让大家讨论，在这种情况下，你应该先说？最后说？还是中间说？

➢ 你负责安排一个重要的大会，参会人员上百人，需要上台发言的有外部来的政府官员，有公司领导，还有客户代表，请问，应该如何安排发言顺序？

八、发现主流程

在建立了流程化思考以及硬逻辑和软逻辑、明显逻辑和隐含逻辑的概念后，当你开始尝试运用流程性思考去分析和梳理问题时，很有可能会发现，你又遇到了新的问题：在解决一个问题时，可能有多个流程是并行或交织在一起的，这时怎么办？应该从哪入手呢？

发现主流程

本书前面所提到的各种案例，基本上都是单一流程的例子。但在现实中，有不少复杂的工作或项目，是由多个流程交织在一起的。此时，我们就必须先确定主流程。所谓主流程，就是找到用于分析问题的那根主线，因为主流程确定了，整个项目或工作的框架也就基本确定了。

如何确定主流程呢？基本的原则是：这个流程主要是为谁服务，或由谁来操作，谁的动作流程就是主流程。

确定主流程的服务对象时，一定要记住，我们观察的是流程本身为谁服务，而不是这项工作或流程的结果为谁服务。

你的领导让你做一个市场调研分析，然后写出报告，一周后提交，调研报告里需要包括以下内容：

- 市场总体现状分析；
- 整体发展趋势分析；
- 主要竞争对手分析；
- 客户需求及变化趋势分析；
- 可能的潜在进入者分析。

你准备怎么完成这份报告？

通常的做法，是将上述内容的要求继续做进一步拆分，也就是把报告的细化大纲做出来，例如，市场总体现状分析包括了市场总体容量的数据、相关政策情况、这个市场的共性特点和问题等。如果你对于每一部分应该包括哪些内容还不清楚，那这一步就不是第一步了，你还需要先上网查一下，这样的包括，具体包括哪些内容，然后，就大纲的这些组成部分和领导确认，是否能满足他的要求。

第二步，将大纲细化之后的下一步动作，就是通过各种渠道搜集相应的信息和数据，包括找专业人士访谈等。

第三步，对搜集的数据和信息进行分析，得出相应的结论，并且想办法用图表的方式呈现出来。

第四步，就上述分析的全部或部分结果与专业人士讨论，听听他们的意见和建议，并进行相应的调整。

最后，将成稿的报告提交给领导。

很显然，这项工作的结果，最后是给你的领导服务的。但在整个动作流程中，你是负责操作各个环节的主角，所以，你的动作才是主流程。

在寻找主流程的时候，一定是要看流程本身为谁服务，或者由谁来操作。

确定主流程时，还会遇到不同的情况。接下来我们看几个例子。

如何装修你的"世外桃源"

在买彩票中了大奖后，家里换了很大的房子。鉴于彩票号码是你选择的，家里一致决定，专门拿出一个卫生间由你独享。考虑到你平时经常在卫生间里放飞自我，冥想放空，这个卫生间的装修内容就由你自行决定。通常卫生间有两个主要功能，一是洗漱，二是上厕所。为了讨论起来简单，我们假定这个卫生间你主要是用来洗澡。

这时，你该如何装修这个卫生间呢？

此时，流程化思考就需要从你的头脑中浮现出来。

先从进卫生间开始。因为你进入卫生间是为了洗澡，所以进去以后，肯定要关门，那是否需要将门锁上——这里对门锁就有了要求。

接下来脱衣服，脱下来的衣服放到哪？肯定需要有挂衣服的地方，要么门后有挂钩，要么墙上有挂杆或类似的设施。

接下来你还要思考是选择淋浴还是浴缸。当然，现实中，这个有时没得选，因为卫生间不大，根本放不下浴缸，那就淋浴吧。

淋浴又有两种，一种是封闭式的淋浴房，一种是挂个帘子。假定你选了淋浴房，进去的时候，要么光脚，要么得换鞋。所以，是准备防滑垫，还是里面备双拖鞋，你自己定。

打开花洒，开始享受冲澡的快乐时光。从洗头开始，需要洗发、护发等用品，从哪取？是放在淋浴房外面的架子上，还是在淋浴房里放个小架子？如果淋浴中间你还想加些项目，比如听个音乐，看个电影什么的，那音响放哪？手机放哪？让你可以既能听到、看到又不会被水弄湿。

洗完澡后，毛巾从哪取？如果是准备以全新的面貌走出卫生间，是不是还得刮个胡子，吹吹头发，抹个护肤品？那相应的工具和瓶瓶罐罐之类的东西放哪？是否需要有面镜子？

按照上述的动作流程梳理完，这个卫生间该怎么装修设计，该安装哪些材料，就基本梳理出来了。这就是找到主流程的第一种方法：找到这个项目或这项工作所服务的最主要的角色。这个角色可以是一个人，也可以是多个人。如果多个人的动作流程都是相似的，我们可以把他们当成一个角色。那这个角色的动作流程，就是主流程。

婚礼中，谁是真正的主角？

就算你没结过婚，肯定也看过别人的婚礼。在中式婚礼中，角色非常多，除了新郎、新娘之外，还有伴郎、伴娘、双方父母或其他老人、双方的亲朋好友、证婚人、主婚人等，在某些地区，要是有不同的风俗，还可能会有其他角色，例如西式婚礼中的神父等。

这些角色，每个人都有自己的流程，但是我们在最开始考虑问题，或者更直接一点说，做整个婚礼的设计时，显然不能随便选一个角色就开始分析，而是要从主要角色开始。

毫无疑问，婚礼的主角是一对新人。但再想想，就会发现新郎和新娘的流程也是不一样的。新郎在婚礼当天，早上起来之后，收拾打扮，带上伴郎和其他亲朋好友去接亲，而新娘起床之后，简单洗漱完，就要开始让化妆师给化妆，然后等着新郎上门。之后双方的流程才开始汇合，但即使汇合之后，在整个婚礼过程中，新郎和新娘的流程也是有些差异的。比如常见的婚礼开始后，新郎先出场，然后新娘挽着父亲的手再出场。

看起来是不是很复杂？那么婚礼到底应该以谁的流程为主流程？

回顾一下你参加的婚礼，发现了吗？绝大多数的婚礼，看似两位新人都是主角，但男主和女主在全局中的地位还是有差异的。谁的更高？当然是新娘。而且新娘的动作流程，基本能覆盖新郎的动作流程，所以，婚礼中的主流程，其实是新娘当天的流程。

这是找到主流程的第二种方法：如果项目或工作所服务的角色有几个，这几个角色的重要性略有差异，类似男一号和男二号的关系，且男一号的动作流程基本能涵盖男二号的动作流程，那么我们就把男一号的动作流程作为主流程。

我观察过不少家庭，包括我自己，在孩子出生之后，为了防止孩子误摸，会把墙上插座的插孔，用胶带粘上或者用东西堵上，结果导致那个插座很长时间都没法使用。这就是因为很多家庭在装修的时候，孩子还没出生，所以并没有从孩子对房间的使用流程来思考装修设计，而孩子诞生之后，这个小家伙便一跃成为房间使用的主角了。装修的时候，如果没考虑过主角的使用流程，后续怎么会不出问题呢？

打车软件，司机和乘客应该以谁为主

用打车软件叫车，这种做法现在已经成为很多人的出行习惯。叫车平台所面对的主要角色有两个：司机和乘客。此时，应该以谁的流程作为主流程呢？

是谁付钱，就以谁的流程为主吗？听起来有一定道理，但仔细琢磨，这个结论站不住脚。司机与乘客，就像蛋生鸡和鸡生蛋的关系一样，很难说乘客就一定比司机更重要，没有司机，再多的乘客也会流失。

仔细研究滴滴的发展历史，就会发现，滴滴最开始先吸引的是司机。因为乘客的需求是客观存在的，只是他们不知道滴滴这个平台。所以滴滴是有了充足的司机后，再去做推广，吸引乘客。

从表面上看，乘客在使用平台叫到车之后，与司机在一段时间里，有着一样的行动路线，但实际上，司机和乘客在使用平台的服务时，使用的动作流程是完全不一样的。这就意味着这两个流程无法整合，因此，司机和乘客的流程就都是主流程。所以，我们就会看见，司机和乘客用的 App 界面是不一样的。

同样，在招聘平台、淘宝等这种交易综合类的平台网站上，个人求职者和企业招聘人员，买家和卖家在首页登录时，也是从不同的端口进入的。

显然，两个主流程同时存在，会大大增加项目的复杂度，可想而知，平台网站后台的技术复杂性，要远远高于信息门户类网站。

所以，在这种平台上，有多个重要角色，同时也存在着多个主流程。

这是找到主流程的第三种方法：如果项目或工作所服务的角色有多个，好几个都是主角，重要性难分伯仲，并且每个角色的动作流程都不一样，那就意味着需要有多个主流程。此时，要分别运用流程化思考进行分析和梳理，而不是想办法将这些独立的主流程并在一起。

　　总结一下，发现主流程的要点：

　　➤ 从流程服务的角色以谁为主来判断，而非以流程的结果为谁服务来判断，这个"谁"，既有可能是物，包括信息，也有可能是人；如果是物品，则以物品的变化（包括使用）作为判断依据，例如手机的生产研发、物流中的货物传递、支付过程中的信息传递，因为这些物品或信息承载了每个环节变化的结果；如果没有物，只是人，就要寻找到流程中的主人公，第一主角。就像公司年会，有公司领导，员工，员工家属，客户，他们中谁是主角？

　　➤ 当流程服务的对象是单一角色时，该角色的流程就是主流程；

　　➤ 当流程服务的对象有多个角色，其中最主要的角色的动作流程，能基本涵盖次主要角色的大部分动作时，则以最主要角色的动作流程作为主流程；

　　➤ 如果流程服务的对象有多个角色，这些角色都很重要，用一个主流程不可能同时清晰完整地描述出这些角色的动作时，那就是多个主流程。

　　到这里，会有一个问题，什么叫基本涵盖？是90%？80%还是60%？

很遗憾，没有一个可以精确度量的标准答案。其判定标准，来自于你的分析结果。如果用一个主流程就可以把这个项目或工作基本都涵盖出来，那就是一个主流程，否则就是多个。

而且，你会发现，如果应该用多个主流程来思考问题，但却选择的是一个主流程，会很容易出现遗漏，其实不管最后确定的是一个主流程，还是多个主流程，都有可能出现遗漏。那么，怎样防止这样的遗漏呢？本书最后一部分"验证"，就是介绍最大限度防止遗漏的思维方式。

本章结束前，给读者留两个思考题：

➢ 如何快速了解一个新的行业？

➢ 对于你从来没有做过的事情，如何确保上手之后尽可能少犯错？

九、产品流程与项目流程

前面讨论了流程，也举了很多例子。但现实中，有可能某个流程是为另外的流程服务，或者说，大流程里包括了小流程，而且，不管大流程还是小流程，主人公都是一样的。在这种情况下，应该以哪个流程作为主流程呢？

下面，我们通过汽车的例子来分析这两者之间的关系。

我们可以把一款汽车从设计到试产看成一个完整的大流程。在设计一款汽车时，一是需要从使用者的使用流程角度来对汽车进行设计，二是在完成设计后，需要进行相应的生产。

在整个大流程中，又包含了两个主要流程，一个是汽车的设计流程（对应的是汽车的使用流程），一个是汽车的生产流程。这两个流程相对独立，但也会有一定的交叉。显然，大流程包含的范围更广，甚至在汽车设计流程之前的立项，也都在这个大流程范围内。

这两个流程我们可以分为两大类：一类叫产品流程。汽车本身是最终的产品，因此，设计流程就是为了满足用户对汽车的使用，所以我们可以看成是产品流程。

另一类叫项目流程。整个大流程和汽车生产流程，特别是前者，可以理解为一个大的项目，这个项目从立项开始，到完成试产甚至量产上市，都是为了最后生产出的产品服务的。

当我们运用流程化思考时，会发现在产品流程和项目流程中，都有各自的主流程。那么，我们应该先从哪个流程入手呢？

例如，我们知道，国内汽车都是驾驶座在左边，而有些国家则是在右边，不同的道路交通规定，会使得车内布局设计和生产都有所差异。这里面包含的逻辑是：先知道车是如何被使用，然后才能根据使用的要求，去配置相应的生产流程。

再比如，汽车座椅里面，是不是可以考虑装个按摩的装置？让司机和乘客在乘坐时，也能享受到按摩服务。显然，装和不装，车上的线路、开关等配置一定是有区别的，而这些区别，也一定会在生产的过程中体现出来。

从上述分析中，可以看出，一定是**产品流程在前，项目流程在后**。

可以这么理解，项目流程是为了实现产品流程而产生的一系列前后的工作，包括前面的准备工作和后面的收尾工作。

因此，在运用流程化思考分析和解决问题时，如果遇到多个流程，并且能看出某个流程是为另一个流程服务，或者前者的各个环节设计，是基于后者而产生的，前者我们就会定义为项目流程，后者定义为产品流程。一定要先把产品流程梳理清楚，再去梳理相应的项目流程。切不可因为从时间的角度，哪个流程的环节在前，或者哪个流程包含的链条多，范围广，就先从哪个流程开始梳理。

十、找到关键环节

主流程找到且将各个环节都梳理出来之后，当我们要去解决问题，或者希望优化这些环节时，又可能会发现环节太多了，不知从哪入手？从最开始的环节吗？很多情况下，这种做法是非常低效的。

此外，从精力和资源的分配来说，我们也不可能在每个环节上投入同样的精力，在资源不足的情况下，也需要知道将资源重点投在哪些环节上。

所以，接下来，我们需要在流程化思考中，完成另外一件事：找到关键环节。

方法一：减少婴儿夭折，要加强教师培训？

年轻的保罗·奥尼尔在政府部门工作时，需要创建一个用于分析联邦医疗开支的框架，官员最担心的其中一个问题是婴儿的死亡率。美国那时是世界上最富裕的国家之一，但它的婴儿死亡率却比很多欧洲国家和南美的部分地区都要高。特别是农村地区，居然有很多婴儿在一岁前就夭折。奥尼尔的任务就是要查出这个问题的原因。

他让联邦其他部门分析婴儿死亡率的数据，每次有人带回来答案，他就要问另一个问题，试图更深入地了解问题的根源。每当有人带着某个发现回到奥尼尔的办公室，他就会询问他们新的问题。他的那股无休无止地想了解更多的干劲，简直能将人逼疯。

比如说，一些调查表明婴儿夭折最大的原因在于早产，而早产的原因在于妈妈在怀孕期间营养不良。因此要降低婴儿死亡率，改善妈妈的饮食至关重要。这很简单，不是吗？但要防止营养不良，女性就要在怀孕前改善她们的饮食，也就意味着政府要在她们备孕前，对她们进行营养饮食方面的知识普及，这也就意味着要在高中设立相应的营养课程。

然而，当奥尼尔问及要如何设立这些课程时，他发现很多农村地区的高中老师并不具备足够的基本生物学知识去教授这些营养课程。因此，政府必须重新编排相关老师在大学学习时的课程，使他们具备足够的生物学知识，以便以后能教授少女们营养课程。这样那些女生在准备受孕前才会注重饮食，受孕时才不会营养不良。

奥尼尔和一起工作的官员最终发现：教师培训的质量低下是高婴儿死亡率的根本原因。如果你问医生或者公众健康官员要怎样降低婴儿死亡率，他们绝不会想到这与教师培训相关。事实是，通过在大学教授这些以后担任高中老师的学生生物知识，他们以后就能将这些知识传授给青少年，然后青少年就会更注重饮食健康，数年后就能生下更强壮的婴儿。如今，在奥尼尔开始这份工作后，美国现在的婴儿死亡率下降了68%。

以上案例源自——《习惯的力量》（经润色后呈现）

这是一个很有意思的案例，是典型运用流程性思考来发现关键环节的案例，虽然在使用流程化思考时，并没有用正向推理，而是用的逆向回溯。但无论正向还是逆向，都是基于流程在做分析。

在制造领域中使用较多的鱼骨图（又名因果图、石川图），就是典型的运用流程化思考发现问题的管理方法。

这是找到关键环节的第一种方法：基于问题进行回溯。

其基本思路是：从最后一个环节开始分析，如果上一个环节做好了，这个环节的问题是否就消除了？如果答案为否，那就再对上一个环节做同样的分析；如果答案为是，那当前这个环节，就是对最后问题的发生产生影响的关键环节。这种思路，可以将流程化思考有效地应用于问题解决领域。

方法二：万科的从"集约型扩张"到"活下去"

万科在中国的房地产领域，是一家发展非常稳健的公司。除了当年的"宝万之争"对万科的发展产生了一定影响外，它在将近四十年的历史里，已成长为国内房地产公司第一梯队的企业。

在几年前，万科的业务重点是放在一、二线城市，经济相对较发达的地区，所以万科在这些地方做了很重的布局，也储备了大量土地。但到了2018年，根据他们对中国房地产市场发展的预判，在年会上提出了"活下去"的口号，从这个口号可以看出万科的战略重点发生了很有意思的变化。

对中国的房地产公司来说，如果想保持不断增长的规模，在整个业务链条上，有两个关键环节，一是拿地，特别是有潜力的地块；二是销售。我们可以看到，房地产行业排名靠前的公司，在这两个关键环节上都抓得非常紧。由于房地产是重资金行业，大量依赖银行贷款和其他负债，所以项目的建设周期缩短，可以加快资金的流动速度，提高盈利能力，因此，项目建设也相应成为关键环节。回顾过去十几年这些成为行业数一数二的龙头企业，无一例外，都把"高周转"作为企业的主要策略，碧桂园在这方面，也是做到了极致，当然，由此导致的问题频发也难以避免。

2018年前的万科，在整个业务链条上，关键环节和其他公司比较相似：拿地、销售和建设都是关键环节。当然，除此之外，也还有其他关键环节，每个房地产公司可能存有较大差异，例如设计环节。

2018年，万科喊出"活下去"的口号之后，关键环节就有了变化。怎样才能活下去？手里有粮，心里不慌。粮食从哪来？不是购房者，是银行。所以，银行放款这个环节的重要性，在整个流程中的重要性明显提升，甚至超过了拿地和销售环节。

我这些年给万科内部上了不少次培训课，讲得比较多的一门是绩效管理。万科在国内的众多企业里，绩效管理体系是做得比较靠前，比较优秀的。因为讲绩效，所以需要涉及目标的制定，我能看到，在万科喊出"活下去"这个口号之前，万科对经理人的考核，最重要的指标几乎都是销售指标，但在"活下去"的口号提出之后，回款指标的权重就上升到了第一位。显然，在整个业务流程中，由于公司战略的变化，导致他们的关键环节也发生了变化，并据此对考核指标进行了调整。

当然，这是从整体的角度来说。万科在不同城市不同区域，可能也有不同的竞争策略和业务策略，最重要的考核指标恐怕也会因此有所差异。

这个案例告诉我们找到关键环节的**第二种方法：基于战略作判断。**

战略是实现长远目标的手段和方法，而流程是为战略服务的。所以，战略变化了，流程也有可能会发生变化。当然这种变化，未必会体现在所有环节上，可能只是少数或个别环节有所改变，甚至可能从表面上看，环节都没有变化。

但不管流程中的环节有没有变化，在战略重点发生了变化之后，流程中的重点环节是一定会有变化的，无论这种变化是增加还是改变。这时，基于战略重新去审视业务流程或工作流程，就会判断出在目前这个阶段，哪些环节属于关键环节。

方法三：管理者的时间分配

现在假定你是一家公司的办公室主任，你所在的部门要负责公司重要会议的组织协调、事项跟进、对外联络、政府关系、法律事务、行政管理和后勤事务等。你的团队算上你一共有 8 个人，其中两个是专职司机，负责给领导开车，或接送重要客户。

眼下是十二月的第一周。你本周的工作主要有以下内容：

要开始筹备年底举办的公司年会，在年会上，董事长要作年度总结和明年计划的报告，同时还有颁奖和员工演出，演出要求每个部门都必须出节目；

要协调各部门，给董事长提供年度总结所需的各种数据和报告，以及对明年工作的预测；

年底了，公司高管需要拜访或宴请一些重要客户或合作伙伴，你需要帮助协调时间；

公司有不少资质，需要在年底前完成年审，资料需要开始提前准备；

公司租的办公楼明年二月到期，需要去谈续租或换一个办公地；

其他琐碎的日常工作。

上述这些工作，有些需要你亲自去做，例如你们部门的总结和给各部门布置年会的任务。虽然大部分事情有团队成员可以分担，但事情依然非常多，如何分配你的精力和时间，做到忙而不乱，变成了你工作中的一个问题。

上面的场景，对于很多管理人员来说，是不是挺眼熟的？

我这几年，给一些公司的管理人员做外部导师，帮助他们尽快提升管理能力，把带过的和正在带的加在一起，也有近百人了。在做导师的过程中我发现，有不少年轻的或缺乏经验的管理者，在每天的时间安排上存在比较严重的问题。他们过去都是工作中的骨干，本身就承担了不轻的工作任务。带团队以后，不光自己手里那摊事不能落下，团队的工作还得管理好。由于时间安排有问题，每天虽然加班加点，累得四脚朝天，但团队的整体业绩依然不理想，挫败感很强。

这个世界上，只有时间对每个人都是一样公平的。如果管理人员想承担更重要的责任，完成更大的事业目标，把时间用好，是必须具备的基础技能。

道理都明白，但真的到实际工作中，面对这千头万绪，源源不断的事务，怎么安排啊？很多人感到很头疼。接下来，我们一起运用流程化思考的方式，来研究一下时间和精力分配的思路。

团队管理者面对的工作，可以分为两大类，一类是正常进行的（不单单指日常工作），也就是按计划往前推进的工作，还有一类是遇到问题，需要即时解决的工作。团队成员面对的工作也大都如此。

对于第一类，正常按计划执行的事项，每项工作肯定都有流程，基于管理人员的经验，应该能判断出哪些是关键环节。

对于第二类，可以用前面讲到的，发现关键环节的第一种方法，基于问题进行回溯，判断出哪些是关键环节。

前面两类工作，如果你只是个独立工作者，不带团队，操作起来应该都不困难。但此时，管理人员面对的不是一个人，一件事，而是多个人，多件事。虽然每个人工作中的关键环节都能找出来，但如果这些环节都要管理人员去控制，是盯不过来的。

这时，需要管理人员重新审视自己当期的工作目标和工作重点。职位越高，承担的工作越多，就越不可能面面俱到，一定要有重点。在职场中，员工的工作目标和重点，通常都来自上级的要求。如果重点工作没完成，其他工作做得再出色，上级给的评价依然可能会是"工作分不清主次"；如果重点工作做得很出色，其他工作有所疏漏，上级往往会觉得情有可原。

管理人员把当期目标和工作重点梳理出来，再根据工作重点，去看团队成员的工作内容和关键环节，就应该很容易判断出，员工的哪些关键环节，对管理人员来说，也是关键环节；哪些环节对员工来说是关键环节，但对你却不是。

有了这个判断之后，精力的分配自然而然就出来了。在对管理人员而言是关键环节的工作上多花精力，对员工来说是关键环节但对管理人员不是的工作上，可要求员工要及时汇报，但无须主动过多关注。

回到本节最开始的那个场景，假如根据你的判断，本周最重要的工作是年会准备和总结报告的准备（如果本周不开始，后面时间就不够了），那对你来说，与这两项工作相关的流程中的关键环节，就是你需要多投入精力的环节。其他重点工作，基本都有对应的员工在负责，你需要的是，提前跟他们明确好关键环节（注意，你知道这个是关键环节，不代表他们也知道这是关键环节，这个和明显逻辑与隐含逻辑的道理是一致的），然后告知，在约定的时间内，完成关键环节后，必须主动汇报，这样你就能实现对工作的有效控制。

概括起来，上述发现关键环节的思路，是先找到每项工作的关键环节，然后，基于工作重点，再决定这些关键环节中，哪些是当前的关键环节。

作为一个管理者，当你把这种思路和做法，变成下意识的习惯后，就会发现，自己的驾驭能力，在不知不觉中，已经提升了一个段位。

如果你的下级也带团队，这种思维习惯，也是你需要对其进行的训练。

到这里，我们看到了发现关键环节的第三种方法：基于工作重点做判断。

这种方法和基于战略作判断的区别，在于战略是长期的，在一段较长的时间内相对稳定；而工作重点是始终在变化的，每周甚至每天都有可能不一样。

方法四：旅游景点的小饭店为什么会宰客

二十多年以前的一个假期，我和几个朋友一起开车，从北京自驾到五台山去玩。到了五台山的第二天，我们上午出去转了各个景点，玩得挺开心。中午就在景区周边找了一家门脸看起来还挺干净的小饭店坐了下来。

一起去的朋友里，有一个朋友手头比较富裕，人也大气，所以我们落座后，他大声嚷嚷："今天我请客，你们谁也别跟我抢。"他边说边拿起菜单，张罗着点起菜，但在点菜时，其中有一道菜引起了他的注意。

这道菜的名字起得非常有特点，叫"血山飞雪"。标价我没记错的话应该是 68 元。菜单很简单，也没有照片。这个朋友把服务员叫过来，问"血山飞雪"到底是什么菜做的。服务员说自己是新来的，也不清楚。

因为被这个名字吸引，虽然在当时，68块钱的菜已经算是非常昂贵了，这位朋友还是点了，然后大家充满期待地等着这道大菜上桌。

等服务员把菜端上来时，我们几个人的鼻子都快气歪了。这个名为"血山飞雪"的菜，竟然就是凉拌西红柿，西红柿上面铺了一层白白的蛋清——敢情西红柿是血山，蛋清就是飞雪啊。不得不说，为了挣钱，店家也是够拼的。我们几个人非常愤怒，把服务员叫过来理论。

服务员辩解，我们一直都是这样做的呀，也没见其他客人说什么。当天饭店里，并没有其他客人点这道菜，所以之前其他受骗上当的客人，是否都是默默认了，根本无从验证。我们要求退菜，也遭到了无情的拒绝。

我们另外几个人本来还想继续跟店家争论，那个请客的朋友把我们拦住了，说就当吃亏买教训吧，反正这家店以后再也不来了。其实我知道，因为钱是他出，菜也是他点的，这种争论会让他觉得没有面子，何况老板的态度非常坚决，既不给换，也不给退钱。而且这种争论万一没控制好，发生更大的冲突，在这种前不着村儿后不着店儿的山里，我们人生地不熟的，可能会更麻烦。所以，后来大家只好忍气吞声快快吃完走人。

如果你年纪不是太小，也到过不少地方，有没有发现这样的场景并不陌生？十几年以前，很多城市，特别是一些中小城市的火车站、长途汽车站，还有一些旅游景点，类似宰客的情况屡见不鲜。客观地说，这些年，这种情况已经比二十年前好很多了，但仍未杜绝。

值得我们思考的是，为什么在城市里，即使是二十年前，街边开的饭店，哪怕是小饭店，都很少出现这种程度宰客的情况，而在车站、旅游景点这种地方，却频频发生呢？

下面这张图，是一般饭店待客的流程图。

环节
迎宾
引位
点餐
下单
后厨
传菜
上菜
用餐服务
结账
送客

对一般饭店来说，点餐、后厨和用餐服务，是常见的关键环节。由于大多数人去饭店吃饭，对口味的在意程度最高，因此，很多饭店会把后厨视作最关键环节。当然，由此也带来了一个问题。因为后厨中，最核心的人员是大厨，而一般的饭店，大厨也就那么一两

个，所以这就意味着，在整个饭店的流程中，最核心、最关键的环节，是掌握在大厨手上的。如果老板自己就是大厨，那还好，但如果大厨是老板从外面聘来的，当饭店生意越来越好之后，饭店老板就会面临跟大厨的博弈：当大厨提出加薪，增加休息时间时，老板到底是同意还是不同意？如果不同意，就会担心大厨以后不好好干，甚至拍屁股走人，影响店里生意；但如果同意，这种要求是无止境的，将来岂不是无底洞？

现在你能理解，为什么很多公司的老板出身是销售，而在互联网公司里，很多创业者出身是技术了吧？互联网行业的几个巨头，百度的李彦宏、腾讯的马化腾、今日头条的张一鸣、美团的王兴、小米的雷军、网易的丁磊、360 的周鸿祎、新浪的王志东，还有早期在互联网领域有着重要地位的，搜狐的张朝阳，都是程序员出身，就连京东的刘强东也写过代码，据他自己说，在 90 年代中期，写一晚上的代码挣了五万块钱。在国内前十大互联网公司里，只有马云和阿里出身的程维不是技术背景，但他们都是很牛的销售！

对于一个公司来说，在没有形成公司整体的体系支撑，对个人的依赖度还非常高的时候，创业者必须掌控公司整个业务流程中的关键环节。说得更直白一点，这个关键环节必须亲力亲为。

言归正传，还是回到我们前面小饭店的例子上吧。同样是饭店，为什么那些小店要服务没服务，要口味没口味，价格还高，依然能活下来呢？原因其实也很简单，因为经营目标不一样。

一般城市里街边的饭店，支撑饭店活下去靠的是回头客。既然想让客回头，饭菜好吃，或者服务好、价格便宜，三条里面至少得占一条吧。但旅游景点、火车站附近的有些小饭店就不一样了，他们知道，你饭菜再好吃，服务再好，客人可能一别就是一辈子。毕竟，有很多景点，大多数国人这辈子也就去一次，基本不可能因为景点边上的饭菜好吃再大老远去一趟，除非这个景点就在郊区——所以，你发现了吗，越是偏远的地方，越容易出现宰客的情况。

既然景点附近的小饭店面临的是这样的市场，那他们就不用花太多心思在提高饭菜质量和服务水平上，只要客人进店了，不让他走，钱就算是进袋了。按照这样的分析，再回过头看前面那张流程图，就会发现里面所有的环节都不是这种景区小店的关键环节，那他们的关键环节在哪呢？这里，就出现了一个图中没有画出来的隐含环节——拉客或广告，也就是在图中流程的更前端。这个环节既是隐含逻辑，也是这类饭店的关键环节。

所以，我们可以总结出发现关键环节的第四种方法：基于目标做判断。

同样是开一家饭店，如果定位为百年老店，则饭菜质量和与服务水平相关的环节就都是关键环节。但如果饭店的定位是一锤子买卖，根本不想要回头客，则在前述的环节分析中，就找不到对应的关键环节。但这种情况，不代表饭店没有关键环节，而是要把整个流程链条再往前延伸，一直延伸到饭店的选址上。饭店的地理位置的选择以及营业之后的拉客或广告，才是这家饭店的关键环节。

方法五：海底捞会拓展炒菜业务吗？

讲一个我的亲身经历吧。

那是很多年前了，从国外回来了一个朋友，几个国内的小伙伴约好了周末一起请他吃饭，吃饭地点定在了海底捞。海底捞那会在北京的门店数量不多，但是名声已经起来了，需要很早就去等位。我因为周末要在公司内讲课，当天到得比较晚，等我到的时候，他们都已经开吃了。

因为大家都不喝酒，所以饭吃得很快。我们大约六点就吃完了。但后面去哪，大家也没商量好，所以就坐在那里聊天。

在这里要插一句，对饭店来说，能不能挣钱，一个很重要的衡量指标叫翻台率，也就是一张桌子一天能接待几桌客人。很显然，这个数据越高越好。作为经营火锅的店，海底捞在疫情前（2019 年的数据）的翻台率在 5 左右，这跟海底捞这几年新店开店的速度有关。而在十来年前，他们的翻台率可以达到 6 以上甚至将近 7，非常的惊人。这两年，由于疫情的影响，加上海底捞开店速度过快，2021 年的翻台率已经降到了 4。据分析，翻台率为 3 时，是海底捞盈亏的平衡点。

很显然，对于海底捞来说，外面一大堆人在等着，我们这些人吃完但是不走，对他们来说是很糟糕的。当然，他们不可能主动轰我们走，如果那样，这家店就不是海底捞了。

我记得当时我们已经结完账了，大家在一起吃瓜子聊天，瓜子吃完，我们懒得去水果调料自助区取，就把服务员叫过来，请他帮忙给拿点瓜子。小伙子非常痛快，过两分钟，就拿来了一大袋瓜子，估计得有一斤，装在一个塑料袋里，注意，袋子还打了个死结，往桌上放的时候，说了一句：给你们多拿了点，一会走的时候带着方便。我们当时处于可走可不走的状态，一大袋瓜子，本身就感觉占了便宜，袋子打了死结又不好打开，对方话语又给了我们暗示，结果我们几个人没有任何商量，几乎都下意识地站了起来往外走。等走到门口，才发现我们还没商量后面去哪呢，这时，我回头一看，新的客人已经坐了过去。

那会真的是非常感慨，他们轰人都轰得那么有技巧。说老实话，这件事我从头到尾都没有感觉到一丝不舒服，因为人家只是在引导，并没有对我们做出任何不礼貌的行为。

当时，我一直以为这是服务员的灵机所至。直到有一年我上公开课，因为涉及讲绩效管理和控制点的话题，就举了这个例子，结果课后有一个学员跟我说，他曾经在海底捞从事过培训工作，他说这是他们培训内容的一部分，这个消息让我非常震惊。如果那个学员所言不虚，一个服务型企业，能把员工训练到这个程度，怎么能不成功！

我问过身边很多去过海底捞的朋友，那里的火锅真的有那么好吃吗？其实未必，我问过的人里，至少有一半的人并不会觉得海底捞在味道上能明显秒杀其他火锅店。

这几年，随着海底捞开店数量的增加，等位时间也明显缩短了，早几年，很多人哪怕等一个小时也要吃他们家的火锅，让其他商家欣羡不已。原因很简单，在海底捞你会体会到非常好的服务，甚至有人评价为好到变态的服务。好像从 2021 年开始，海底捞居然还增加了免打扰服务：就是如果你不希望服务员来得太频繁，可以选择这项服务——这也算是对他们变态服务的注脚吧。

现在我问你，海底捞将来会拓展炒菜内容吗？如果海底捞改成各地特色菜了，还能成功吗？

也许你会想，除了海底捞的老板，谁知道他们会不会增加特色菜啊？再说，凭着海底捞这么多年积累下的人气，又有很好的服务加持，为什么不能成功？

这么讲确实不能说错，但是请记住，有些事，通过逻辑推理，是可以看出基本的趋势的。企业家做决策，绝大多数情况下也是基于逻辑推理，而不是纯粹依赖于感觉。

还记得前面分析过的饭店流程的各个环节吗？下面我们将运用流程化思考，对海底捞的竞争力作个分析。

由于竞争力的评价很难定量，所以我们定性地分成三个水平：高、中、低。

然后，我们把海底捞和一般饭店在各个环节上的竞争力标注上去，并按照流程化思考，逐个对图中的环节进行分析。

首先声明，下面关于一般饭店的分析，主要是按照我国北方地区餐饮业的一般水平做的，不代表南方，特别是广东地区餐饮业的服务水平。

迎宾：这个环节包括等位。毫无疑问，早些年海底捞超越大多数饭店甚多。现在有很多饭店提供的等位小食、饮料，都应该是跟海底捞学的。尽管如此，也许是我了解得不够全面，至今也没见着第二家同时给等位的客户提供擦鞋和美甲服务的饭店。而且，现在开在商场里的海底捞，都已经从楼上迎宾到楼下，从饭店门口迎宾到商场外了。

引位：很多饭店对这个环节不是太重视，因为这通常算不上关键环节。但是，仔细观察，就会发现，很多饭店在这个环节上做得也不如海底捞好。

点餐：这个环节，海底捞是做得很出色的。如果我没记错的话，海底捞是火锅领域最早允许顾客点半份的餐厅。而且，他们的服务员不会鼓励顾客多点，反倒是告诉对方不够再加，这种感受是非常好的。

下单：这个环节，对顾客来说，不是很透明，但就我的观察来说，海底捞在这个环节上出错的概率也是很低的。而有不少生意好的饭店，在下单这个环节时不时出问题。当然，这跟海底捞做火锅，后厨要简单不少也有很大关系。

后厨：这个环节上，海底捞不需要花太多精力，只要确保顾客点的菜能洗干净，处理好之后能尽快上桌即可。而对于一般饭店来说，这反倒是他们最核心的竞争力，是会投入很多关注的地方。

传菜、上菜：这两个环节海底捞的员工给顾客的感受也是比较好的。

用餐服务：这个环节是海底捞最核心的环节，在这个环节上，他们基本上超越了其他 90% 的饭店。

结账：在结账这个环节上，海底捞其实也是做得很专业的，只不过有的时候我们很多人没有太在意而已。海底捞是非常少见的给服务员有打折或送客户小礼物权限的饭店，而且据我亲身体验，海底捞给服务员的权限不算低。至少我在别的饭店没见过服务员可以直接打折的，一般都需要请示领班或经理。

有一年我带父母去吃海底捞，那天也是奇怪，服务员连续出错，先是餐具没上全，接着送擦手的热毛巾又把我们忽略了，再之后上错了菜。我就把服务员叫过来轻声投诉，然后问他准备怎么处理？因为之前就听说过海底捞的服务员有免单的权限，但是权限有多大，我想借机测试一下。开始，服务员说送一个果盘，我说海底捞素以服务好著称，今天连续出现这么多纰漏，送一个果盘对得起你们的口碑吗？那个小伙子想了想，说那跟经理请示一下，然后转身走了。我一直盯着他看，发现他到拐弯的地方，转个圈又回来了。回来以后，从兜里偷偷摸出一张 88 折的打折券，说这是经理让送的，最多也只能这样了。我也看明白，说是跟领导请示，其实只是个谈判技巧而已。毕竟，这个权限给服务员以后，用户体验确实不错，但如果打折的权力被滥用，那公司就别做了，所以不可能没有约束。

不过，这已经是快十年以前的事了，那会海底捞的店还不多，现在海底捞已经有 1000 多家店，我估计给服务员的这个权限应该取消了，否则失控风险太大。

送客：在这个环节上，有些海底捞的做法我们能看到，比如现在很多海底捞会在客人离店的时候，送上一点小零食，给小朋友一个气球等。

在上述环节中，需要读者注意的是，在分析竞争力时，每个环节上，导致竞争力差异的因素可能不止一个。比如，在买单环节，影响客户体验的因素包括准确率、速度，但最重要的应该是实际费用与顾客心理预期的差距。注意，不是费用的绝对值，而是与预期的差距。

根据前面谈到的饭店流程和在各个环节上竞争力的分析，我们把饭店的各个环节标注在横轴，纵轴是竞争力高低，如下图所示。

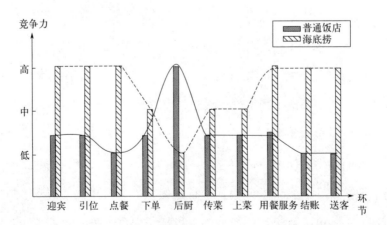

接下来，我们把各个点连起来，变成一个曲线，就会发现，海底捞的竞争力曲线真的是和一般饭店差别太大了。常规饭店的核心

竞争力主要体现在大厨身上，好处是聚焦，只要提高大厨水准，竞争力就会有明显变化。同时，因为大厨来的时候都是自带技能，所以对组织的培训能力要求不高；但不好的地方是，组织的核心竞争力掌握在大厨手里，如果大厨不想干了，或者跟老板谈条件，饭店老板就会处于非常被动的局面。

而海底捞不一样，海底捞除了后厨，每个环节都是产生竞争力的环节，这些环节上的主要参与者，是同一个角色——服务员。服务员的群体人数很多，对技能的要求也不是很高，所以好处是招人相对容易，他们往往也无法形成一个统一的利益主体和组织进行对抗。但是不好的地方是，组织整体的服务质量和竞争力，是通过他们的服务水平体现出来的，因此，对他们的培训要求就会很高。所以，海底捞对新员工的培训，时间长、成本高、要求严，就是必然的结果。各位读者要是有兴趣，可以观察一下，海底捞服务员擦桌子的动作，都是标准化的。

通过上述分析，可以清楚地看到，与其他一般饭店不同，海底捞除了后厨这个环节外，其他所有环节都是关键环节。

分析到这，海底捞是否会去炒菜，结论也就出来了。对于主打服务作为竞争力的饭店来说，如果海底捞非要做炒菜，就意味着它需要把后厨这个环节的竞争力大幅提升，整体的竞争力曲线就会变成平的，也就代表着饭店流程中的所有环节，都是关键环节。大家都是 VIP，就没有 VIP 了。基本上对于任何一家企业来说，要把业务流程中的所有环节都做成关键环节，这家企业要么是实力碾压同行，高出同行不止一个级别，要么就是最后落个惨淡经营，闭门关张的下场，而成为前者的概率，要远远低于成为后者的概率——因为每个环节都要变成关键环节，成本实在是太高了，而定价却不可能随心所欲。

对于企业家来说，找到自己的核心竞争力，是关乎到企业未来成败的一个关键问题。企业的核心竞争力，包括品牌、技术、人才、垄断性资源，等等。但在一个高度竞争的市场中，要找到在某个领域，相比竞争对手，有非常明显竞争优势的核心竞争力，是极其困难的事。

因此，借助流程化思考，通过对比，发现自己业务流程中的核心竞争力，不断强化和超越竞争对手，才是更有可能成功的经营之道。

关于海底捞是否会做炒菜业务的分析，我大概在七八年前就已经在课堂上发表过自己的观点了。不知是否有人记得 2020 年疫情之后，海底捞曾经推出过"到家小炒"，主打的就是炒菜业务。很显然，在这种业务上，海底捞丧失了自己的原有优势。我当时的判断是此举是因为疫情，店家自救的无奈之举。果然，在宣传了一波之后，现已无疾而终。

前述的分析思路还可以做进一步细化和拓展。

把竞争力这个比较大的概念细分，从价格、品质、服务、效率、投入产出比等角度去分析，用上面图表的形式展现，就可以得到多张从不同维度与竞争对手做比较的竞争力分析图。

如果把纵轴从竞争力改为"对客户需求的满足程度"，就可以看出在各个环节上，我们与竞争对手，在客户心目中的差距。

估计有的读者看到前面那张图时，会觉得眼熟，没错，那张图和十几年前的一本畅销书《蓝海战略》里的分析思路非常相近。

很多年以前，当我看到《蓝海战略》这本关于战略选择的书时，印象非常深刻。这本书里所提到的"蓝海"和"红海"这两个词，在之后企业的战略选择中成为了常用词汇。《蓝海战略》中，在做企业竞争力分析时，提到了因素分析，也画了类似上面的图，图的横坐标是各种影响因素，但对于如何确保图中用于分析的因素是完整和可靠的，书中并没有详细阐述。

仔细对比《蓝海战略》中的图和上图，会发现两者还是有区别的。在《蓝海战略》中，横坐标是影响因素，而上图里的横坐标是流程的各个环节。

二者的区别在于：如果坐标使用影响因素，就需要尽可能找全所有能产生影响的要点，但现实中，这个做法很有可能会出现遗漏，如果出现遗漏，后面的分析就会出现偏差。

而按照流程化思考的方式来进行梳理，横坐标是每个环节，环节之间由于是连续的，所以不会出现遗漏，只是划分环节的粗细程度有差别而已（例如关于饭店的分析，后厨其实还可以划分出更细的流程），这些是完全可控的。

现在，流程化思考在企业竞争力分析上的应用已一目了然了。

首先，找到对标公司，将对标公司和自己，在每个环节上的竞争力标注出来。需要说明的是，这个评价是属于典型的主观性评价。如果希望这个评价更客观，可以找一些典型用户或重点客户进行打分；

其次，通过比较，确认所有环节中的关键环节。很显然，如果希望提升自己组织的竞争力，一定要从关键环节入手；

最后，在关键环节改善之后，可按照同样思路发现次关键环节，在这些环节上，要确保自己的竞争力超越对手。

通过上述分析，从哪入手组织提升竞争力，就可以清晰地判断出来。

分析到这，我们已经得到了发现关键环节的第五种方法：基于比较做判断。

比较分两种，一种是和外部标杆做比较，就是本节关于竞争力的分析；二是在环节和环节之间作比较，前面讲到的四种发现关键环节的方法，其实都可以归为这一类。

五种发现关键环节方法的比较

基于目标判断关键环节和基于问题判断关键环节的思路比较类似，都是基于结果倒推出关键环节，也就是如果想要结果好，就从最后一个环节开始往前推导：看看哪个环节做好了，能让结果大幅提升。基于目标的判断是从正面结果入手，而基于问题的判断是从负面结果入手——前者是哪个环节做好了，结果能大幅度提升；后者是哪个环节做好了，问题可以大幅度减少。

基于目标判断关键环节和基于战略判断关键环节的区别，在于目标既有可能是短期的，也有可能是长期的，而战略通常是中长期的。这就意味着用前者的视角来判断关键环节时，更多考虑的是当期目标；而后者，更多考虑的是中长期目标。

比如，有一家公司想做大数据创新业务，这个业务的成长周期较长，没有两三年的时间根本没有存活能力。但是公司资金不足，融资又很困难，于是决定通过做贸易来养活自己。这时，如果从目标的角度来看，与贸易有关的业务流程中的关键环节，就是当下对公司创始人来说的关键环节，但从战略的角度来看，大数据创新业务流程中的关键环节，则是对公司创始人而言，在更长的时间范围里的关键环节。

客观地说，要把这两类关键环节的资源投入、时间精力分配做好是很不容易的。能做好这些的公司，基本都成功了。华为就是这样的一个典型企业。

基于目标判断关键环节和基于工作重点判断关键环节的区别，是前者是从结果倒推，而后者通常是基于现状来确定的。原因在于工作重点的确定，不仅仅来自于目标和战略，还有一部分来自于当前问题的解决。

例如，自新冠疫情以来，对很多国企，特别是在京的国企来说，疫情防控就成为一项非常重要的工作。这项工作和公司的经营目标无关和经营战略也无关，但却是由当前的重点工作所决定的。

这里，我们将上述五种判断关键环节的方法做个总结：

基于战略判断关键环节，是从较长的时间范围内分析；

基于目标判断关键环节，是从当期要达到的正面结果来分析；

基于问题判断关键环节，是从当期要改变的负面结果来分析；

基于工作重点判断关键环节，是从眼前工作重要性的角度来分析；

基于和外部标杆企业的比较，是从企业竞争力的角度来分析。

使用上述五种方法分析关键环节，很有可能发现不同分析方法得出的结果不一样，以谁为准？

答案是：以当前工作重点为准。无论是战略还是目标以及问题解决，抑或是和竞争对手的比较分析，最后都需要落实到当前的行动中去。

因此，上述五种分析方法，作用都是从各个维度进行分析，准确找到事项中的关键环节，但在资源和精力的分配上，需要关注眼前的工作重点；同时，由于工作重点本身也是在不断变化的，所以，还需要不忘初心，时刻关注那些眼前可能排序靠后，但从长远来说，对组织的战略、外部竞争和目标实现起到重要影响的关键环节。

发现关键环节后该怎么做

当我们找到关键环节后，就可以清晰地把握后期的工作重点、工作控制点、资源分配以及精力投入。

关键环节未必只有一个，可能会有数个，在很长的流程中，甚至可能有更多个。在精力有限的情况下，即使在关键环节上，也有可能无法做到同时发力，同时投入资源，同时解决问题。

此时，在关键环节中，投入资源和精力的顺序，应按照以下原则来处理：

• 将关键环节再做区分，分出最关键环节和次关键环节。把关键环节，分为几类，关于到底哪些算是最关键环节，哪些算是次关键环节，则来自专家的判断。资源的投入按照先最关键环节，再次关键环节的顺序进行。

• 其次，对于同等关键的环节，按照流程在前先投入解决，流程在后的后解决的顺序进行。

就像前面讲到的饭店的例子，点餐这个环节是饭店的销售环节，也是关键环节，而后面的后厨同样也是关键环节，不能简单区分哪个环节更重要。如果服务员向客人推荐的菜品总是价格特别低，利润率也低，或者特别难制作的菜，后厨无论怎么改进，饭店整体的收入和利润都很难上来。这时候只怪大厨，肯定是不合理的，因为前面的环节没有做好，对他是有影响的。

这个思路，对于同时面临多个问题的解决顺序安排也是非常重要的。

再看另外一个例子。在互联网创业公司中，通常是先有了一个想法，然后由创业者自己或者公司的产品经理，设计出一个产品原型，接下来再找技术团队去研发，研发完了小范围做测试，看用户反馈，再回到产品端做修改。这个流程通常都是很清楚的，但在现实中，创业公司往往面临的问题是：这几个环节都很弱，产品设计弱，技术实现弱，测试弱，用户需求获取弱，市场推广和运营也不行，怎么办？你可能说，那就别干了。这当然也是一种选择，但这种场景，恰恰是绝大多数小企业在初创期面临的真实情况。

不少创业者面临这种局面时，解决问题的思路是：哪个环节的火烧得大，造成的麻烦多，就先去解决哪个。结果始终处于被问题推着走的状态，每天都是救火队长。

按照我们上面提到的投入资源和精力顺序的思路，解决初创公司的问题，从哪入手就清楚了——先从产品的原型设计开始。修改得差不多，基本达到要求了，接下来再盯技术部门，控制住生产进度和开发质量，然后是测试环节，包括压力测试或并发测试、容错性测试等，再往后抓市场运营等。

所以请读者们记住一个原则，如果在流程上，很多环节都出了问题，而且这些环节的重要性相当，在按照问题的紧急性进行处理的同时，一定要按照流程上的先后顺序，对各个环节的问题进行逐个解决。如果前端问题没有解决，后端问题解决了，最后还是很难看到最终的改进效果，甚至都无法判断后端环节的问题是否真正得到了解决。

关键环节的发现，是流程化思考在工作和生活中实际应用的关键要点之一。只判断出环节之间的逻辑关系，但却不清楚重点在哪，依然无法做到用有限的资源高效解决问题。同时，通过前面的分析，我们也会看到，即使同样业务类型的组织，其关键环节也可能是不一样的；即使同一个组织，在不同阶段，关键环节也是在变化的。

所以，切不可因为某个公司的成功，就一窝蜂地去学习和模仿、实地考察，如果不能发现标杆公司在业务流程中的内在逻辑，以及他们如何判断和管理关键环节的，这种模仿就很难成功，除了花了不少钱，浪费不少时间和机会，最后留下的往往是一地鸡毛。

十一、用流程化思考预判未来

流程化思考的本质，在于发现事物之间的内在变化规律，因此，流程化思考的价值，并不仅仅表现在问题的分析和事情的处理上，因为流程化思考还是一种思维模式，它可以帮助我们通过对过去和现在的分析，对未来大的趋势做出预判。这章我们将以互联网领域为例，来看看流程化思考的思维方式在实际中的应用。

百度当年的率先崛起，靠的只是运气吗？

尽管在移动互联网年代，百度已经被腾讯和阿里甩在了后面，但必须说，它在当年确实是一家很耀眼的公司。这三家公司都有自己赖以起家的核心产品，但只有"百度"，成为了搜索的代名词。而"上淘宝"、微信、QQ，都没有全面成为网上购物和社交的代名词。

那么为什么在互联网时代，百度能率先崛起，而到了移动互联网时代，却又慢慢变得不那么显眼了呢？很多人可能会把这些归咎于百度的工程师文化或者内部的管理等。虽然我给百度上过培训课，但毕竟了解不深，对此不予置评。

这里，我们运用流程化思考，只从互联网的发展变化，来分析下当年百度崛起的原因。目前，我们已经完全处在了移动互联网的时代，你可以没有电脑，但不能没有手机。在移动互联网时代来临之前，是互联网时代，而在互联网的时代到来之前，则是单机时代，这个时代是从 20 世纪 80 年代，IBM 推出了 PC 机开始的。

在全面进入移动互联网时代之前，我们绝大多数人使用电脑，已经无法脱离互联网了。现在让我们用流程化思考的方式，分解下各个环节，然后从中观察一下时代的变化。

首先，你需要有台电脑。买来之后，开机，CPU 启动，操作系统启动，进入到桌面，然后开始你的各种程序的使用，或者连上互联网，开始网络之旅。

按这个流程环节捋一下后，我们就能看明白在互联网时代的巨头崛起和变化的规律（见下图）。

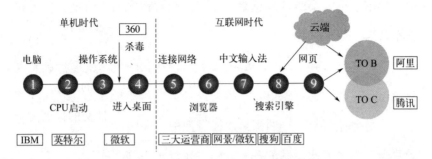

在 20 世纪 90 年代初以前，电脑生产还是个有技术含量的活，电脑厂家在整个流程链条上，是很强势的，所以 IBM 在 PC 机的霸主地位上坐了很多年。其中，还有苹果、戴尔这些公司曾经也觊觎过 PC 机的霸主地位。但移动互联网时代的到来，使得 PC 机生产商在整个价值链条上的影响力迅速下降。

电脑里最核心的东西，毫无疑问——CPU。在 PC 机发展的过程中，英特尔始终引领风骚，即使到了移动互联网时代，这家公司依然有着很强的话语权。期间，曾经出现了不少生产 CPU 的公司，除了 AMD 中间经历了起起落落，现在依然健在以外，像当年在低端 CPU 市场上也有一席之地的 Cyrix 公司在被台湾的威盛电子收购后，连品牌都悄无声息了。

CPU 之后，下一个环节就是操作系统。在苹果电脑崛起和移动互联网时代到来之前，毫无疑问，这个领域只有微软一个"玩家"。所以，比尔·盖茨能稳坐世界首富那么多年，不是没有道理的。

操作系统启动之后，用户进入到了电脑的桌面，开始选择各种程序进行使用。由于当时操作系统的垄断性，用户进入了电脑桌面，也就相当于进入了微软的世界。在互联网时代之前，看见其他公司操作系统的机会非常少。

等时间进入到 20 世纪 90 年代中期，互联网开始慢慢兴起。电脑要连入互联网，首先得有连接的设备，以及能接入到互联网的接口。在这个环节上，早期都是用拨号上网，需要一个调制解调器和运营商给用户开通上网的账号，用户才能实现网络连接。由于这个领域属于国家管控的内容，所以在国内，非国有企业基本上没有什么成长空间。但从另外一个角度来说，我国的三大运营商在这个历史时期都有着非常好的发展机会。

连接上互联网之后，马上要用到的工具就是——浏览器。年龄大一点的读者可能还有些印象，在 20 世纪 90 年代中期，曾经有一款叫网景（Netscape）的浏览器，对微软的 IE 浏览器造成了巨大的冲击，但微软家大业大，直接把这家公司收购了，然后继续保持住了在浏览器这个环节上的垄断地位。

接下来，让我们再看看下一环节——输入。在当时的环境下，我们有很多中文输入法，比如四通利方的"中文之星"、五笔字型等。但由于当时做中文输入法的公司，并没有产生真正的市场垄断者。所以，微软自带的中文输入法，依然是很多人最常用的选择。直到 2006 年，搜狐旗下的搜狗输入法问世，因为结合了互联网的使用特点，用户体验好，所以极快地占领了 PC 客户端，最高峰期间，这种输入法占据了整个中文输入法 90% 的市场份额。

在 20 世纪 90 年代，我刚开始接触网络，那个时候互联网也刚刚起步，那个时候我们从纸面媒体上获得网址信息，比如说从报纸或杂志上抄下来网址，然后再输入进电脑，为了后面还能找到，我们还会使用书签功能，但随着互联网世界中的网站越来越多，这种方法慢慢就行不通了。网站数量的呈爆炸式增长，使搜索引擎的产生成为了必然。谷歌和百度，就是在这个大的趋势下成长为两大巨头的。

搜索引擎只是帮我们找路，最后我们要的结果，搜索引擎本身并没有，我们需要进入到某个结果里，这个结果可能是关于某些信息的网页，也可能是给我们提供了一些功能，比如听音乐、游戏、交易，等等。

我把这些网站分成两大类：第一大类是 To B 的网站，也就是主要为商业应用提供支持和服务的；第二大类是 To C 的网站，主要是为个人应用提供支持的。

在这两个大的商业领域中，阿里占据的是商业应用端（B 端），腾讯占据的是个人应用端（C 端），当然，B 端业务和 C 端业务是有交集的，例如支付，既和个人应用有关系，也跟商业应用有关。

无论是个人端，还是企业端，应用市场都很大，所以，对其他互联网公司来说，依然也能有快速成长的机会。但个人端和企业端应用的一个很大的区别，在于企业端的行业特点差异非常大，同类产品的复用性会降低，这就导致企业的边际成本会很高。而 C 端业务并不会如此，用户数越多，单个用户的使用成本越低（不是获客成本）。这也能说明为什么这几年崛起的几个新的互联网巨头（TMD，头条、美团和滴滴），都是在 C 端业务上起家，而在 B 端业务上，尚未能产生与阿里同级别的巨头公司，京东和拼多多距离阿里依然有较大差距。

从前图可以看到，有一家公司，异军突起，在这个环节中找到了一个前端环节直接切入，一下就奠定了自己的行业地位，这家公司就是 360。因为提供的是杀毒功能，所以用户可以接受他们在操作系统启动之后就被唤起，常驻内存，对电脑操作进行监控。这就意味着 360 杀毒软件获得了非常高的对电脑的操作权和控制权。而用户之所以能接受，不仅仅在于他们所使用的免费策略，更重要的是互联网的兴起也带来了病毒的传播，这才是 360 成长起来的背景。

因为拥有了这样的控制权，所以，当 360 推出自己的浏览器之后，在很短的时间内就站住了脚跟。记得 360 浏览器推出市场没多久，正赶上我给搜狐的员工上培训课，就向搜狐的同学请教了一下相关数据：搜狗在当时的市场占有率是 15% 左右，而 360 浏览器上市不到一个月，就达到了 8% 左右的市场占有率。

把上面的流程梳理完了以后，我们就可以运用前面讲到的软逻辑、隐含逻辑、关键环节以及流程环节越在前，对后续影响越大的原理，看懂互联网行业在历史中的发展规律。

为什么英特尔这样的公司能保持数十年的领导地位？因为他们在整个链条的前端（不是最前端，因为如果再做细分，材料生产、设备生产会在更前端），而且 CPU 领域的进入门槛很高，是重资金行业，对技术的要求也高，一般很难有公司能撼动英特尔，所以，只要后面对 CPU 的应用没有发生变化（类似下节将分析的移动互联网的变化），英特尔公司自己别犯大的经营错误，他们的地位就很难被撼动，也可以始终保持非常好的盈利能力。

当然，你也可能会有疑问，从用户的使用流程来看，先拥有一台电脑才是最前端的事啊？但从生产的角度来说，一是 CPU 的生产在电脑前端，二是在这两个环节中，CPU 的生产是更关键的环节。CPU 的生产门槛一直居高不下，但电脑的生产门槛则是大幅度降低，当年的中关村电脑市场，一群没有上过大学的打工人，不到一个小时，就能给客户攒出一台电脑。这个门槛的降低带来的是，电脑生产带来的利润率越来越低，有兴趣的话，读者可以看一下联想集团公布的盈利报表就知道了。所以，当年 IBM 把个人电脑业务出售，的确是非常有远见的战略选择。

在我看来，互联网从本质上改变了人们获取信息的手段和交流的方式，这种改变，带来了信息量几何级的增长，让数据又变成了新的资源。但不管用户通过什么样的方式上网获取信息或进行交互，都是手段，不是结果，可用户最后一定是需要结果的，这个结果就是前面讲到的商业应用或个人应用。也就是说，腾讯和阿里牢牢守住了商业应用或个人应用的最后端。

上述例子只是拿互联网行业来做分析，不同的行业，不同的视角，可以梳理出不同的流程，最前端的起始环节也是有差异的。如果从材料的视角看前面那张图，会发现最前端的环节，应该是原料或矿石、稀土等，而中国是全球最大的稀土资源国。从这个角度来说，我们其实在这个领域应有一定的话语权。当然，这个问题，将涉及政治、经济、外交、金融等多方面极其复杂的因素，就不在本书的讨论范畴了。

BAT、TMD 与华为，谁是未来的互联网之王？

十几年前，互联网从群雄割据，逐渐变成了百度、阿里和腾讯的三分天下。移动互联网时代的到来使十几年前互联网群雄割据的状态，发生了巨大的变化。随之整个行业的流程也发生了改变。

让我们一起看看移动互联网时代的行业流程。

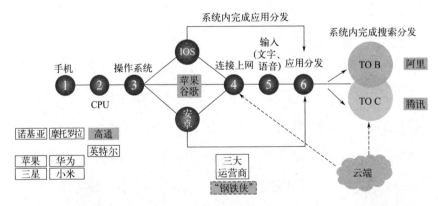

进入移动互联网的时代，我们从用户的感受来说，更多的是常用上网工具的改变，从电脑变成了手机。但是从整个行业的流程链条来看，发生的变化是巨大的，从起始环节就变了！用户不再从电脑进入，是从手机进入。手机有不同于电脑的 CPU，有不同于电脑的操作系统，这些变化，引起了整个行业的变化。

先从手机开始说起。其实，二十年前，手机就能上网，只是价格贵，速度慢，当然，这和当时的基础设置和技术水平有很大的关系。在那个年代，手机生产商诺基亚和摩托罗拉是真的厉害，基本垄断了国内的手机市场。客观地说，这两家公司给员工提供的福利和发展机会是很好的，同时，也为中国市场培养了很多优秀的职业经理人。但在我看来，这两家公司就是因为日子太好过了，最后才死于安逸。

我有个朋友，当年在诺基亚做技术工作，做了很多年，是在诺基亚倒下之前离职的，当时他拿了一笔不菲的补偿，然后去了一家民企，自此他就经常向我抱怨现在的工作又忙又累，非常怀念他在诺基亚的日子，福利好，工作清闲，每天八小时的工作时间，真正干活的时间也就一个小时，其他时间就是上上网，聊聊天，而且他身边很多人都是这样。

诺基亚、摩托罗拉的不上进，给了其他厂商机会，苹果、华为、三星、小米、VIVO 这些公司，逐渐成为手机市场的主角。

但是，与电脑相似，虽然手机生产的门槛要比电脑高不少，但与 CPU 的生产制造相比，CPU 生产依然是其中的关键环节。

在 CPU 这个环节上，手机 CPU 和电脑的 CPU 还是有很大区别的，高通的先发优势就体现在这个领域。但在服务器领域，依然还是英特尔的天下，移动互联网领域的后台对服务器的依赖程度极高，所以英特尔的地位在这个领域未被撼动。

到这里，有可能大家会有疑问，既然 CPU 在整个链条上，属于最关键的环节，为什么高通、英特尔这样的公司，不把自己的业务向后端延伸呢？这样他们不就能更好地控制整个行业了吗？同样的道理，微信的覆盖人群也极广，并且成为了黏性极高的应用，腾讯如果做手机，岂不是一下就能从源头上控制了吗？

逻辑上都没问题，但还记得前面讨论过的海底捞是否会做炒菜这个问题吗？当每个环节都是关键环节时，公司的资源是应付不来的，即使在竞争相对较少的 CUP 领域。

在操作系统这个环节，手机和电脑已经完全是两个世界了。电脑上，微软独霸天下，而手机里的操作系统，则是 iOS 和安卓两种系统平分天下，微软后来也进入了这个领域，但从目前的情况看，未来发展并不明朗。

苹果的操作系统属于封闭系统，和手机的绑定程度极高，换句话说，苹果手机和 IOS 系统之间是硬逻辑，让用户别无选择。苹果公司将 IOS 系统变为硬逻辑的好处是实现了公司对整个产业流程的控制，不管后端的应用怎么强大，只要你用的是苹果系统，就得遵守苹果公司的游戏规则。

而安卓系统尽管已经被收入到谷歌旗下，但依然是开放系统，所以理论上所有人都可以基于安卓系统定制开发自己的程序，这就使得安卓手机和安卓系统之间的逻辑是软逻辑，理论上，华为手机是可以使用小米系统的，只是为了保护自己的商业领地，安卓的手机生产商都会采取一些措施防止用户这么做而已。

所以，只要苹果手机能始终保持不断创新，给用户带来惊喜，哪怕价格依然是较贵的，苹果所占据的市场，其他人要抢走依然会很难。但安卓手机则不一样，如果在性价比上没有优势，市场很快就会被蚕食。

与电脑不一样的是，打开手机进入系统以后，通常手机已经连接上了网络，这个过程无须我们操作。但不管是哪个网络，背后的主要运营商还是移动、电信和联通。因此，这其实是一个隐含的环节，也恰恰是三大运营商未来在产业链中建立新的地位时可能的切入点之一，虽然这并不容易。

手机可以正常使用之后，我们就要向手机传递使用要求。传递的方式要么是通过触摸（这是靠手机本身的功能实现的），要么通过手写和语音，后两种输入方式，要比电脑方便很多。这就是在移动互联网时代存在的新机会。

手写识别技术，我观察到的，似乎并没有出现明显占有市场大份额的公司，而且，年轻人更多使用的是键盘，因此，这里我们重点说说语音输入。

手写、键盘和语音，从输入角度来说，最省事的是语音。手机天生就是一个语音输入的工具，所以语音输入的关键其实是输入之后的识别。这时，一家国内公司——科大讯飞就进入了我们的视野。与此对应的是，当年搜狐旗下的搜狗输入法，在这次行业变革中，慢慢丧失了市场上的绝对领导地位。

智能手机的特点之一，就是可以像电脑一样使用很多应用。但与电脑端下载应用程序不一样的是，早期安卓手机上下载各种应用，是要到互联网上去找的，由此慢慢产生了一类公司——应用分发平台。这类公司在智能手机快速发展的那几年，营收还是蛮不错的，因为他们在整个产业链条中曾经有过很重要的位置。不知读者们是否还记得有个叫豌豆荚的产品？在应用分发平台飞速发展的那几年，这个产品还是有些知名度的，但现在不知道还有多少用户会用豌豆荚去下载各类 APP。

为什么？因为手机生产商控制了前端环节，所以他们在手机里内置了自己的应用分发程序，用户就没必要再去用其他的应用分发平台了。这就是典型的由于占据了前端环节，可以轻松战胜后端环节公司的例子。

至于苹果手机，因为是闭环系统，应用下载基本上只能到苹果的 APP STORE 里。

由于很多应用程序都内置了搜索功能，甚至是全网搜索功能，所以用户可以不跳出应用，直接在 APP 里找到自己希望了解的信息。而因为这个转变，百度在互联网领域所构建的强大优势，到了移动互联网时代，变得不那么好使了，因为百度所依赖的核心竞争力，在新的产业链条中，价值已经大大降低，甚至已经不再是关键环节了。那么，当你不再是关键环节时，机会在哪呢？

我前几年给百度上培训课时，跟百度的员工私下聊天，就提出过随着移动互联网的发展，百度的业务转型在整个产业链条上把握住的关键环节不明显——当然，我希望这是我了解得不彻底，造成的误判。

到了各类程序的应用环节，与电脑端的使用相似，还是分成 B 端和 C 端市场，而这两个领域里，阿里和腾讯都没闲着，在不断布局，扩大自己的版图，特别是腾讯，在社交软件上，设计出了微信这样一个重量级产品，在移动互联网时代，率先占领了重要地位。

把这张图和互联网时代的那张图做对比，就会发现，除了诺基亚和摩托罗拉已经出局以外，原来还有一席之地的微软、百度、360和搜狐，在移动互联网时代的地位也变得有些尴尬，甚至有些岌岌可危。

这张图没有标注互联网后起之秀的几个巨头：TMD，头条、美大（美团和大众点评）、滴滴这几家后起之秀。在我看来，除了滴滴由于自身的问题，后续还能走多远不好说，头条和美大已经从阿里、腾讯的势力中脱离了出来，并开始对其产生威胁。没有标注的原因，是他们其实在 B 端和 C 端的领域中，在阿里和腾讯的业务笼罩之外的空白起步，然后再到阿里和腾讯的地盘中夺食。所以，我感觉目前看起来发展前景最好的是头条，对整个产业链的影响，可以和阿里和腾讯对标。

在这张图上，还有一个全新的环节——云端存储和计算。由于移动设备的便携性要求，存储容量和计算能力短期内还达不到 PC 机和服务器的水平，再加上网速的快速提升，云端业务就有了很大的机会。无论是个人应用还是商业应用、存储和计算，使用"云"的方式，已成为明显的趋势。所以，我们能看到，对于这个新增的环节，很多公司都投入了巨资研发。因为这个环节，将来可能会成为手机用户从手机端到达自己所需应用之间的隐藏硬逻辑，或者成为一个新的并行环节，无论是哪种情况，都会影响到这个行业的格局。

基于这张图，我们还可以得到以下的判断和结论：

（一）在芯片领域没有取得重大突破之前，我们还会受制于人

虽然国内的移动互联网行业发展得如火如荼，在某些方面，在世界范围内都属于领先水平，但用流程化思考去观察产业的前端，就会发现，几个核心的关键环节——CPU、操作系统，都掌握在别国人的手里。这也是为什么，当有些国家在技术使用上对我国企业做出限制后，一下就让我国很多企业都陷入了困境，就是因为在这条产业链的链条上，别国仍处于整个流程链条最开始的环节，这些环节如果我们不能掌握在自己手里，就永远会受制于人。

前述的流程，其实整体还是比较粗线条的，在前述流程中的每个环节上，依然可以用流程化思考进行更细的环节区分。例如，芯片环节，本身就是一个产业链。把这个产业链的环节细分之后，我们就可以更清楚地看到我国在世界这个领域中的位置。

只有我国某家公司在芯片领域做到了世界级的先进水平，对我国的互联网行业来说，才算是真正解决了困境。尽管，这非常不容易。

但我仍希望这一天能早日到来。

（二）在最后的应用端，行业巨头将越来越难再现

TMD 三家公司能成长起来，除了自身的努力以外，时机也非常重要。他们都是成长于移动互联网的蓬勃发展时期，换言之，是整个行业的业务链条重新再造的阶段。

现在的 C 端应用，巨头们的跑马圈地已经基本完成，不信你可以看看，自己每天的衣食住行，是不是都已经和这些巨头脱不了关系？B 端应用应该还有些机会，但不管是 B 端和 C 端，在没有重大的技术突破（也就是对整个行业流程进行重塑）前，都很难再孵化出新的巨头。

（三）未来的机会，在行业流程的重塑之中

从互联网到移动互联网，使用的设备发生了很大的变化，所以带动后续的环节也发生了很大的变化。因此，未来如果有新的连接设备出现替代了手机，那么行业洗牌的机会也会再次出现。

这十年里，手机和移动互联网，让我们出门只需要带手机，其他的全都可以不带，包括各种钥匙、钱包，甚至身份证和驾照。

从目前的技术来看，未来十年最有可能做到这一点的是可穿戴设备。不妨想象一下，十年后，我们可能会使用手表、眼镜、皮带，甚至衣服作为我们使用网络的工具，那岂不是比带手机更方便？

几年前，有则新闻让我很感兴趣。霍金可以通过高技术公司为

他专门开发的设备，使用脑电波、表情等与外界交流。如果这个技术能成熟商用，也会对整个行业流程产生颠覆性的影响。类似的还有狂人马斯克研发的"脑机接口"。

至于在 2021 年突然开始炒得火热的元宇宙，如果放在整个行业流程中去观察，就会发现他们实际上是在 B 端和 C 端的应用里，又开辟了一片新的天地，有点类似"蓝海战略"中的蓝海。因为不是刚需，属于创造出来的需求，所以能否成功，还待时日的检验。

上面的分析，以互联网领域作为案例，一是因为这个领域与我们每个人都相关，二是我们也切实感受到了这十多年的变化。这样的思路，在别的领域，其实也可以使用。

总而言之，每次行业流程重塑的时代，就是新的巨头诞生的时代。

三大电信运营商的危机

关于三大运营商，我想单独写一节。

在前面那张图里，有一处我们没有谈到，就是上网的方式。从能上网那天开始，我们就都是依赖于三大运营商（早些年是五大运营商）。也就是说，其实无论在互联网时代还是移动互联网时代，三大运营商都有很多飞速发展的机会。

不知道你现在每个月的电话费是多少，这几年我办了个几十块钱的套餐，通话时间不算多，主要是流量稍微多些，因为经常出差。尽管这样，无论是里面包含的通话时长还是流量，我基本都用不完。可读者能否猜出来，在 2004、2005 年的时候，我一个月手机费要花多少钱？

那几年里，我既要分管公司人力资源部的一部分工作，还要负责集团一项全新的业务，业务涉及全国，所以出差非常多，一年出差时间大概得在 150 天以上，有一段时间还在上海常驻了差不多半年。

那会我最多的时候，一个月的手机费大概要到 1500 元，而我一个月的工资才几千块钱，还得养家糊口，要不是公司报销，真的是用不起。

很多人肯定还会有印象，那个年代，异地接电话也是要花钱的（最开始是本地接电话也要钱），到外地打电话，不光有长途费，还有漫游费，所以不要看 1500 块钱很多，要是从打电话的时长来看，这个时长其实未必比现在打电话的时间要多。

我有个同学，在一家大公司做销售，需要在全国各地洽谈业务。他和我还不太一样，我当时所在的公司，全国各地都有分支机构，出差有时就用地方公司的座机接打电话。但他到各地，没地方借别人的座机，所以他每个月的电话费都在六七千元以上。

可是，现在除了给陌生人打电话，你每个月电话有多少是通过电话号码拨出的，又有多少是通过流量打的呢？

发短信也要钱，一毛钱一条。一到过年发祝福短信，发出几百条也很正常，几十块钱就没了，我最多的一年春节，光是短信费就花了 100 多——别拿现在的物价水平标准来比，那会北京五环外的房价，每平方米还没超过万元。

现在呢？要不是微信对于群发数限制在 200 条，我估计很多人可以一次把微信通讯录的人全部发一遍。

微信火起来之后，三大运营商的话费收入和短信收入出现了断崖式下跌。

但是，这些运营商就没有成长机会了吗？当然有。

不知还有多少人记得飞信？00 后估计没什么印象，但 75 后和 80 后甚至 90 后应该有不少人使用过。这是当时中国移动非常厉害的一个产品，只要登录账号，就可以实现电脑和手机、电脑和电脑之间的直接通讯，直接发送短信、传输照片等。要知道，那还是在上网费并不便宜的 3G 时代，用电脑上的飞信发短信、传照片不要钱，多大的福利啊！而且不光省钱，同时也很方便。电脑上直接打字，或者复制粘贴，一下就出去了。那会儿的手机，做复制粘贴的操作还很麻烦。

我相信以当时移动的技术基础，在飞信上开发出传送语音、传送文件，乃至现在微信所拥有的一切功能，都没有问题。

可惜的是，飞信只是对移动用户免费，如果是向电信和联通的用户发送短信，依然正常收费。这一点，让飞信的发展无法跨出移动的圈子。

其实我能理解，一旦对跨网用户也免费，对当时的移动来说，会对收益产生极大的影响。

十年前，我给三大运营商做培训时，就在课上谈到过这个问题，如果运营商不能及时完成战略和业务的调整，最后可能就会变成通信业务的管道提供商。管道商的业务，是基础设施建设，在中国，基础设施建好以后，收费是不可能完全按市场化自由定价的。就跟修高速公路一样，高速费的标准不是你想怎么定就怎么定的。

但不管怎样，做管道商还是有利润的。对三大运营商来说，真正的冲击是来自"钢铁侠"马斯克的"星链"计划。这个"猛人"已经往太空里放了几百颗卫星了，而且据说准备到2024年，放到4.2万颗。如果这个计划真的能顺利实施，未来人们上网将有可能不再通过三大运营商，换句话说，就是通过运营商连接网络这个环节将被卫星连接所替代。如果说，微信还只是抢了三大运营商碗里的肉，那么星链计划一旦成功，真的有可能会抢了运营商的饭碗。

当然，至少在一段时间内，这种局面还不会全面形成。原因很简单，一是价格（据说现在通过卫星接发信息每个月的价格是几百美元），二是可能会受到政策限制，三是在某些领域，依然会使用有线传输而不是无线传输的方式，以确保信息安全。但十年或二十年以后，会变成什么样呢？谁也说不准。

在手机被新的无需使用运营商服务的设备替代之前，三大运营商依然是整个产业流程中不可绕过的一个环节，所以，这意味着他们还有机会。但具体在哪，在哪个环节发力，就是他们需要去深思的问题了。

每个行业都有其流程，也有自身发展和变化的规律，运用流程化思考，可以帮助我们预判行业的发展趋势和未来，从而为组织调整战略，为未来发生的挑战做好充分的准备。

不过，在讨论行业变化趋势和预判时，除了考虑国情、政策因素以外，还需要注意以下四点：

一是要尽量从历史发展变化中去发现规律，而且要注意这些规律本身也是在不断变化的。

二是还需要关注与你所在行业相关的行业变化。

技术变化是一个系统性工程，单点突破不见得能带来产品整体性能的全面提升。就像手机的摄像头一样，现在新出的手机，拍照动辄就是几千万像素，像素越来越高，意味着每张照片的文件就越来越大，由此带来的需求是存储容量的不断增大，传输速度的不断提高。因此，某一个领域的突破，往往会带来其他相关领域的跟随和变化，这也是事物本身变化的规律。所以，运用流程化思考时，不能仅看自己所在行业的流程，还得关注相关行业的流程，发现里面的变化规律。

三是要注意到人性对趋势变化的潜在影响。

人是有两面性的，既有积极向上，也有奸懒馋滑，区别就在是身上正面的部分多，还是反面的部分多。但越是负面的人性，对行业的发展越具有推动性。

例如，抢红包这个产品其实利用的就是人性中的贪婪（这点某多多算是做到了极致），外卖产品利用的是人的惰性，无人驾驶也是。反正我对无人驾驶技术是有需求的，特别是早上堵车，水泄不通的时候，那时候真的想有人帮我开车，这样我就可以踏踏实实回个邮件，看会儿书，哪怕睡会儿觉也好。

当然，追求安全和快乐，也是人性中的本能。所以能提供给用户真正的安全感、带来快乐的产品，都会有着很大的市场。看看抖音、快手上那些粉丝数排名靠前的公众号，很大一部分都是搞笑类的。这一点，在微博时代就已经显现出来了。学习类的公众号，粉丝数一般都不会特别巨大——道理很简单，学习是反人性的。

所以，在运用流程化思考做产业分析和预判时，一件事就算再有价值，但如果反人性，就很难做得特别大。

四是思考每个环节存在价值保留或增加的可能性。

前面讲的流程化思考，都是从业务的角度，也就是事物变化的角度来分析的，但其实，在这个链条背后，还隐含着一个价值链条，就是在每一个环节上，是否给用户和客户带来了新的价值。

如果在流程链条中的某一个环节上，你看不到新增的价值内容，那就要思考这个链条是否应该被取消，或是已经被替代了。就像前面提到的智能手机发展起来以后出现的应用分发市场。这个环节的价值，直接就被手机厂商内置的程序商店给取代了。同样，你也可以考虑，在哪个链条上，其价值最容易被其他的链条所代替。如果你不幸从事的就是这个链条上的工作，就要抓紧思考自己的未来了。

即使你不是企业老板，上述思路，也可以帮助你预判自己所在的领域或职业，未来还有多少发展空间。

运用流程化思考，能帮助我们看清大势，虽然世界的变化充满了未知的因素，但准备越充分，面对未来就越有信心。

人无远虑，必有近忧。企业也一样，日子太好过，就容易躺下睡觉，然后在睡眠中远离市场。

留给读者两个思考题：

➢ 为什么有不少做电动汽车的公司，开始做手机了？

➢ 预测十年或二十年之后，你现在从事的职业还在不在？

十二、从薄弱环节入手，发现创新的切入点

流程化思考不仅可以帮助我们预判宏观变化，还可以应用在创新方面。本章将讨论如何运用流程化思考的思维模式，找到创新的突破口。严格地说，这一章所讲的创新，并不是指具体怎么改进和创造，而是分析从哪些地方可以找到创新突破点，也就是怎么找到创新的思路。

我们可以把创新简单地分为两类，颠覆式创新和改良式创新。电灯的发明和电话的发明，这些都是颠覆式创新，这些创新的成果对于整个人类社会或某个行业，都产生了巨大的影响。另一类创新是改良式创新，这些年手机的升级；饭碗上开个缺口，防止筷子滑

落，这些都是改良式创新，都是对既有事物或产品进行的优化和改善，以减少问题的发生，带来更好的用户体验。

颠覆式创新和改良式创新之间，没有清晰的界限，改良式创新积累到一定阶段，往往就会带来颠覆式创新。

不知道大家有没有观察过，在咖啡店买咖啡时，那个纸杯盖子的变化。早些年，杯盖的面是平的，后来杯盖上，在饮用口的地方设计了一个斜坡，之后那个斜坡的深度变深了，形成一个小凹槽。原因在于我们喝咖啡的时候，很容易在饮用口附近留下残液，有了那个凹槽，残液可以流回到杯子里，不会弄脏手或衣服。

类似的改良式创新，还有杯盖上那个放小插片的设计，喝的时候取下来。这个设计在很早之前也是没有的。

新旧杯盖的比较如下图所示。

上述改进，都属于改良式创新。但如果有一天，从杯子的材质到形状，通过改良式创新，演变成了全新的模样，那就变成了颠覆式创新。

这些年，创新成为非常重要和热门的话题。很多企业也将创新的思想融合进了公司的价值观里。那么，如何创新呢？

七天类酒店的崛起与式微

有一家酒店的品牌叫七天，就算你没住过，肯定也在街上看到过。这家酒店的门店数量超过了 2000 家。大概在 08、09 年，七天酒店的增长速度非常快。但现在，这家酒店的发展速度已经明显降下来了。是因为中国出行的人数减少了吗？在不考虑疫情的情况下，显然不是的。

是仅仅因为赶上了时代的风口吗？在那个年代，全国的酒店数量也是成千上万的，为什么七天酒店的发展远超同行？原因当然有很多，但在原有酒店业基础上的创新，也是当年他们能快速发展的原因之一。

因为前些年，我住七天酒店的次数还是挺多的，我从自己作为客户的角度，运用流程化思考，对这家酒店的创新点做了一个分析。

需要声明的是，因为每位住酒店的客人的关注点可能是不一样的，所以下面的分析，只是我的个人的感受。不过，因为我出差非常频繁，所以，应该也能代表某一类商旅客人吧。

大概过程就是：我们把客人住酒店的流程，作为分析的主流程，把客人从订房开始，到退房离店的各个环节梳理出来，然后以客人的角度，来逐个分析客人的需求和酒店的应对，同时，以我自己的标准，对客人在每个环节上的需求强度，以及对七天酒店、五星级酒店和小旅店的满足程度，分别做个评价。强调一下，这里使用的评价标准，是以当年的视角，而非现在的视角。所以，对于一些90后的读者来说，因为当时没有经历过，很有可能不太认同我的标准，那就请只关注我的分析思路。

在这些环节中，各个环节之间，绝大多数都是软逻辑和明显逻辑，当然也有个别的硬逻辑，例如，得先拿到房门钥匙，才能开门。但正如本书前面所提到的，如果你真的能打破这个硬逻辑，反倒有可能给客人带来耳目一新的感受。就像后面提到的阿里旗下的菲住布渴酒店。

在住酒店的流程中，第一个环节是订房。在这个环节上，客户的需求是便利（我们假定是客人自己预定，没有秘书或助理）。

由于订房涉及很多个人信息，而这些信息又是入住的必要条件（疫情防控期间，这些信息的内容更多了），客人肯定希望在这个环节上，别花费太多的时间。

现在的年轻人，可能都没什么印象了，在携程这样的网站出来之前，订外地的酒店其实是很不方便的，要么自己打电话过去订，要么委托当地的朋友或同事订，而且酒店在下订单之后，早些年留的都是纸面记录，万一交接时出现问题，到了以后很有可能没有房间住。而且，更麻烦的是，你都没办法证明自己之前定了酒店。不得不说，当年携程刚出来时，那个电话订房系统，给我的感觉是真好。

提前订了房，但是到前台登记时，发现没有记录的情况，我在那个年代也遇到过，好在我当时所在的公司是个大集团，各地都有不小的子公司，对合作的酒店来说也算大客户，又有当地同事的帮忙，很快就能解决问题，没有露宿过街头。

但因为之前有过关于订房很糟糕的经历，所以在这个环节上，我定义的客户需求强度是比较高的。

七天酒店，是比较早就采用了网上订房系统的酒店，所以在当时的用户体验很好。

至于小旅店，不提也罢。不用订，去了碰运气即可。

接下来的环节是办理入住手续，客户的需求是快捷、简单，别让自己等上半天。

这个环节，在七天这类酒店出来之前，体验是很一般的。因为是手工办理和手工核对，早些年在办理酒店的入住手续时，在一些生意不错的酒店，客人会需要排很长时间的队，我印象中自己办理入住，最长的一次排了将近半个小时。

七天这类酒店发展起来以后，与携程这类平台相结合，让入住手续大幅度简化，只要无客人排队，基本上一分钟左右肯定能办完。当然，在这个环节上，那种城乡的小旅店，体验更好。

我在原来的公司管业务时，有一次一个人从上海开车去浙江出差，结果走错路了，那会没有导航，高速之外，很多道路的标志不清晰，我手里又没有地图，眼看天色已晚，找路更加不便，就找了个看起来还算过得去的小旅店投宿。在前台办手续时，前台连身份证都没查，交了钱，付了押金，老板就直接把房间钥匙给我了，手续超级简洁。

在这个环节上，目前的酒店又做了更好的优化。因为讲课，我几年前入住了杭州阿里边上的菲住布渴酒店。办入住手续，根本不用去前台，在机器上自助就能完成。而且，也不给你房间钥匙，进屋靠刷脸，规避了出门忘带钥匙，还得找服务员的情况。

也是很多年前了，我忘了是汉庭还是哪家酒店，我抽中了他们的一个奖，奖品是一张房卡。这张房卡可以当房门钥匙使用。只要是提前通过网上办理的入住，前台登记的手续就都可以略去。等退房的时候，也无须办理退房手续。那家酒店我因为很少住，就没有去体验。但单从这种设计来看，确实是很赞的。他们相当于把订房、办理入住和退房的手续合一了。

当然，现在这种做法，虽然在业务上是创新，用户体验也很好，但从政府管理的角度，估计是不被允许的。

第三个环节是进屋以后放置行李。这时，客户要求就是放置方便，取物方便。所以，希望有挂衣服的地方，有放箱子的地方。

这个环节，对于男性客人来说，要求一般不算太高。放行李，我们大多数男性客人其实不是特别在意，只要地板干净，有空间，箱子放地上也能接受。当然，一般老的四星级以上的酒店，都有个行李架可以放行李，肯定比放地上的感觉好。

此外，不管男宾还是女宾，通常都需要有个挂衣服的地方。老的四五星级的酒店，往往会有个衣柜，但七天则是在墙上钉几个钩子，放上几个铁丝的衣架，只能算勉强可以应付。但如果碰上墙比较脏或者潮湿，感受就比较差了。对于女性客人或者说，当冬天从北方去南方出差，穿着衣服比较多的时候，这个设置就不算友好了，对我来说，也只能算及格。

至于小旅店，可能连个挂钩都没有。

如果进屋以后，一时半会不出去了，那下一个常见环节就是换拖鞋，需求通常是舒适和卫生，所以酒店一般提供的都是一次性拖鞋。

这个环节，无论是之前的五星级酒店，还是现在的高星级酒店，做得都是不错的，拖鞋厚实，穿着也舒服。所以很多人从五星级酒店离店时，会把没穿过的一次性拖鞋带走，或再要一双带走。但早期的七天酒店，在这个环节上，做得不太好。那会他们提供的一次性拖鞋，薄如纸片，没沾水都可能会破，要是沾上点水，就跟没穿鞋一样。

当然，前面说的我住过的那家小旅馆，就更不用说了，给的都是重复使用的塑料拖鞋，反正那天我没穿，因为连澡都没洗。

我们前面说过，分析的视角是商旅客人。这类人出差时，基本上都得工作。所以，下一个常见的环节就是打开电脑，连上网络。在这个环节上，客人的需求是免费、网速要快，连接简单方便。

当然，这个环节里还包括了更细分的环节，比如有个放电脑的桌子，有可以干活时坐的椅子而不是沙发，电脑的电源线插到插头上时比较方便，等等。为简单起见，我们做分析时，就不分到那么细节的动作上了。

但是，你如果住的酒店多，就能大概知道，上面说的那些环节上的需求，很多酒店其实是没有满足的。比如我就住过屋子里有桌子，有沙发，但是没有椅子的酒店，干起活来非常不舒服；也遇到过电源插座在桌子下面，需要钻到桌子底下才能把笔记本电脑的电源插头插进去的酒店。

在这个环节上，七天给用户的感受，是比较好的。早些年，五星级酒店上网是要收费的，大概在 2011 年、2012 年，我去上海出差住高星级酒店，上网费居然要 80 块钱一天，而且是只要开始用，起步就按一天算。而七天酒店大概从 2009 年前后就不收上网费了。开始还需要连接网线，后来就直接提供无线上网了。对比之下，那会儿的高星级酒店在这个环节上的用户体验有多糟糕，可想而知。

至于小旅馆，就是有个地方躺就行了，上网这种需求，就不要想了。

忙碌一天之后，通常就是吃饭的时间了。因为绝大多数情况下，我们都是在中午或下午入住，所以一般指的这个吃饭，是指午餐和晚餐。不过，据我的观察，像这种酒店，先不说酒店是否提供午餐和晚餐，就算提供，大多数客人也不在酒店里吃。因此，我们可以理解为在这个环节上，客人对酒店没有需求，分析的时候，也可以将这个环节直接跳过。

在外面晚餐也好，游玩也罢，晚上总得回酒店睡觉。这时，下一个环节就出现了，洗澡。在酒店里洗澡，我们的需求是水要热、水量要大、淋浴的空间要干净，如果是多人同住，可能还需要卫生间里有挂衣服的地方。当然，有的客人还会有沐浴用品和毛巾的需求。

五星级酒店这方面自不必说，当然，五星级酒店的毛巾，看着干净，实际情况会因店而异。

七天这种酒店在这个环节就很有意思了。住过这类酒店的人不知有没有注意过，这种酒店，很多都是那种老的筒子楼改的，像是当年上大学时的宿舍。长长的楼道，或者七拐八弯的。这种楼的结构，从集中供热水的角度来说，是不方便的。如果热水管在楼南侧，最北侧的房间打开水龙头，等着出热水，得等好一会，特别是在南方的冬天。想想看，你都准备好一切，站在喷头底下了，结果水龙头里流出来的，始终是冷水……

大概在2010年，我住七天酒店时，看到他们提出了一个口号：我们保证在十秒之内必出热水。这个目标其实实现起来并不容易。不过，那段时间我感觉他们做得还可以，水量也比较大。至于毛巾什么的，那先不说了，我记得有一段时间7天酒店打着环保的名义，屋里是不提供毛巾的，得去前台要。后来酒店对此也做了改进，就是拿个塑料袋，把毛巾封上，至少看起来好多了。

洗漱完毕，就该进入睡眠环节了。在这个环节上，客人的需求是安静、安全、床铺和枕头的舒适度，被子的厚度和柔软度正合适。

这个环节，五星级酒店显然是最好的。七天在这方面也做了很多改善，例如，提供了几种不同硬度的枕头，供客人选择。床也算舒服。我记得那会儿他们还有一个广告语，大意是，我们比别人家的床宽1分。

但在安全、安静方面，七天这类的酒店就比较差了。特别是隔音，要是睡眠质量不好的，碰上隔壁客人是个能折腾的，这一晚上，能郁闷坏了。

小旅馆就不用提了。

一夜好眠之后，得起床了。不考虑洗漱，下一个环节就是早餐。这时，客人的基本需求是能吃饱、卫生和可口，如果能丰盛一点，就更完美了。

在早餐这个环节上，五星级酒店的水准一直不错，而在七天这种酒店，早餐就确实一般了，而且七天酒店是走过弯路的，有一段时间，他们竟然把早餐取消了，房价也没下调。

要知道，像我这样的商旅客人，去到一个不熟悉的城市时，早餐通常是必需品，我对早餐的要求不高，只需要能吃饱，一大早到处去找吃早餐的地方，对我来讲是一件很头疼的事。估计像我一样吐槽的人太多，所以后来七天恢复了每天早上供应七块钱的早餐。

小旅馆就不好说了，有的没早餐，有的是给个简餐。

假定客人住一晚就离开了（其实不管住几天，上述的环节都是基本一样的），这时就进入再下一个环节：办理退房手续。在这个环节上，我们的需求是快速、算账准确，最后把钥匙放在前台就可以直接走人了。

当年在这个环节上，五星级酒店的体验是最差的。即使到现在，有些热门的亲子类酒店，到节假日的时候，一到退房时间，还需要排大队。

小旅馆的体验最好，钥匙一还，直接走人。

七天类酒店当时在这个环节上也有很大提升，办理退房手续也是比较快捷的。

退房之后，客人一般都会有赶火车或赶飞机之类的行程，所以在这个环节上，客户的需求强度其实不算低。

到此，看起来从客人的角度来说，整个流程结束了。但是，我们这里还需要加一个环节：就是离店时对酒店性价比的感受。加这个环节的原因，其实是因为从酒店本身的业务流程上说，这是一个隐含逻辑。

像七天这种酒店集团，老客户对于他们是非常重要的。在老客户中口碑好，就能带来新的客户，同时降低营销成本。老客户不满意，流失率高，酒店的营销成本就得上去。我们在住酒店时，对酒店各种服务好坏的评定标准，是与我们所付出的价格对应的。如果你住的是每晚3000元的酒店，你肯定会要求早餐至少应该有数十种选择，果汁得是鲜榨的吧？如果你发现这家酒店的早餐，是两个素包子加上一个鸡蛋和一碗粥，请问，你会不会到网上去吐槽？我估计十个人里，得有九个会上网投诉他们，或在其他地方吐槽。

但如果你住的是一晚上二十块钱的酒店，上厕所还得去外面的公共卫生间，你最多嘟嘟囔囔，后悔不应该选择这家店。因为毕竟就花了20元，还想要啥服务？

所以，客人离店时，会产生性价比的感受，而这个感受对于他后续是否还会入住，是会向其他人推荐，还是极力劝阻他人不要选择这家酒店，影响很大。

我们将上述分析的结果放在表格里，就是下面这张表。

流程环节	客户需求	需求强度	高档酒店提供的水准（早期）	小旅馆提供的水准（早期）	七天提供的水准（早期）
订房	便捷	☆☆☆☆	☆	☆☆☆	☆☆☆☆
入住手续办理	快捷、简单	☆☆☆☆	☆☆	☆☆☆☆☆	☆☆☆☆
放置行李	方便	☆☆	☆☆☆☆☆	☆	☆
挂衣服	方便	☆☆	☆☆☆☆☆	☆	☆
换拖鞋	舒适	☆☆☆	☆☆☆☆☆	☆	☆
上网	免费、网速、方便	☆☆☆☆☆	☆	☆	☆☆☆☆
午餐/晚餐	无所谓	☆	☆☆☆☆	☆☆	☆
洗澡	水热、水量大、干净	☆☆☆☆☆	☆☆☆☆☆	☆☆	☆☆☆
睡觉	安静、床铺的舒适程度	☆☆☆☆☆	☆☆☆☆☆	☆	☆☆☆
早餐	卫生、可口	☆☆☆☆☆	☆☆☆☆☆	☆	☆/☆☆
办理退房	快速	☆☆☆☆☆	☆☆	☆☆☆☆	☆☆☆☆
价格	性价比高低与服务的综合体验	☆☆☆☆☆	☆☆	☆☆☆	☆☆☆☆☆

上述分析，有些地方的评价部分读者可能不认同，这是正常的，我们只看案例，希望通过对环节的分析，来发现创新的切入点。

从表里我们可以发现，早期的七天酒店做了哪些事情：挑选用户需求强度高，对被满足程度低的地方进行了改善，无论是使用信息系统，还是简化流程或合并流程。这些环节因为客户需求强度高而满足程度低，所以改善就很容易被感知到。

例如，订房、入住的环节，客人需求强度高，但市场上竞争对手的满足程度低，那就在这些环节上发力。

在客户需求很强，竞争对手做得也很好的地方，如果能通过改善，获得与竞争对手同样的水平最好，但如果资源不足，那就选择同样的资源投入，产生的效果相对更好的环节。

例如，洗澡、睡觉和早餐这三个环节，都是客人需求强度很高的地方，但早餐是持续性投入，而洗澡和睡觉的设施改善，是一次性投入（当然，设施坏了也得换），把资源投在洗澡和睡觉这两个环节上，投入产出比要比其他环节更高。而且，与吃早餐相比，睡觉、洗澡对一些人来讲更是刚性需求。同时，因为七天类酒店的价格要比五星级酒店低不少，所以睡觉设施的体验不佳，对总体体验的影响更小。

严格来说，上面分析的流程环节还是比较粗糙的，如果真的想从各种细节上进行改善，需要进一步拆分，包括用户的每个动作环节，例如睡觉前关灯的动作，洗漱时取用洗漱用品的动作，对手机进行充电时的动作等。梳理得越细，能发现的问题就越多。

这就是运用流程化思考，发现创新点的思路。这个思路，和前面讲到的业务竞争力分析很相似，也是逐个环节比较。但这里的分析，是找到创新的突破点。

概括起来，通过流程化思考，寻找创新点的思路如下：

• 运用流程化思考，梳理整个环节，甚至要梳理到动作环节；

• 发现用户需求强度高，但是市场满足低的环节；

• 创新是有成本的，因此，可先从投入产出比高的环节入手进行改善；

• 如果上述比较下来，两个环节的投入产出比相似，在资源不足的情况下，就先从流程在前的环节入手。

我看到有不少组织，在进行创新讨论时，很喜欢采用头脑风暴的方法，这种方法使用起来的确简单，但效果有时却并不太显著。

可基于流程化的思考，从环节入手，发现用户需求强烈，但没有得到合理满足的地方，就是创新的突破点。对于新的工作，新的领域，创新性的设计等，流程化思考都是一种非常重要且有效的思维方式。

当然，在做上述从市场角度的分析时，有一个隐含的要素我们并未涉及：就是市场的供需状况。当市场上的供应量远小于需求量时，再差的酒店，也会有生存的空间。从 2020 年到 2022 年，中国酒店的房间数减少了近 1/4，这就导致在 2023 年旅游市场出现报复性反弹之后，哪怕条件很差的酒店，依然有时一房难求。

不过，很显然，这种情况不会长期存在。随着市场这只看不见的手的调节，当市场供需状况趋于平衡后，那些跟不上用户需求的酒店，还是难以摆脱被淘汰的命运。只是没有人能准确说出那一天是在一年后到来，还是三年后到来。

乔布斯与"手"

苹果手机的出现，绝对是智能手机发展历史上的一次突破。

乔布斯去世的时候，有很多文章和书都在纪念他，我看过一篇文章，谁写得记不太清了，但里面有个观点让我印象深刻。

文章里写道，乔布斯创立苹果手机，他最大的贡献就是一个字：手。什么意思呢？就是他始终研究的是：怎样让用户手的动作最舒服。这句话我想了想，觉得很有道理。

我接触苹果手机其实非常早（不是拥有），2007年，初代苹果手机面世没多久，我有个同事去美国探亲，带回来一台。中午在食堂吃饭的时候，他坐在我的边上，给我演示苹果手机的神妙之处。印象很深的是：他给我演示了如何翻照片——拿手指往左一滑，往右一滑，然后如何把照片放大——两只手指捏紧或放开就能实现，当时觉得好神奇。

其实在那个时候，我已经用上了诺基亚的智能手机，也是触摸屏，只是需要使用触摸笔来操作。不知道读者们是否还有印象，在那个年代的智能机上也是可以看照片的，但看照片时我们需要在菜单里点开，然后再进到菜单里，选择放大、缩小或上一页、下一页的操作，才可以对照片进行浏览。

而苹果手机彻底改变了这种操作模式，应该说这种使用体验真的是划时代的。毫无疑问，苹果这些动作的变化和创新，带来的是用户体验好感极其明显的增加，所以，苹果手机在很短的时间内就超越了很多强大的竞争对手。

创新别盲目

上述两个例子，都是用流程化思考，从行为乃至动作的层面，去梳理每个环节，然后在每个环节上发现是否有可以改进和提高的空间，从而找到创新的切入点。

在使用上述思路进行分析时，需要注意以下几点：

（1）用户需求是在不断变化的，虽然当前被满足了，但如果我们的改进跟不上用户或客户需求变化的速度，很快又会落后。

引发用户需求变化的原因，是技术的提升，这是最常见的情况之一。

就像上网，十年前，我们住酒店时，非常希望酒店提供免费的、快速的无线上网服务，但现在，很多人的手机已经换成了5G，费用也是包月的，不用也浪费了，所以，客人对酒店连接手机进行无线上网的需求反倒会下降，但对电脑连通无线网络的便捷性会有更高的要求。

引发用户需求变化的另一个常见原因是"由俭入奢易，由奢入俭难"的人性。当我们吃饱之后，就会希望吃得好；当我们吃好之后，又希望能吃得健康。而这个人性的特征，是亘古不变的。

所以，在对每个环节上的用户需求做分析时，一定要考虑到用户需求的变化性。

在这点上，我个人的观点是：七天这些年的发展落后了。

这几年，在七天这样的酒店和五星级酒店之间，又出现了新一类的酒店集团，例如秋果、美居这样的酒店。他们在很多细节上，都跟上了客人需求的变化，给客人的感受，超越了七天类酒店。虽然在定价上，会比七天类酒店高一些，但我觉得，性价比要比七天酒店高。

下面这张表，是按照前面的分析思路，结合我这几年在不同酒店的入住体验梳理出来的。

流程环节	客户需求	需求强度	七天	秋果
订房	便捷	☆☆☆☆	☆☆☆☆	☆☆☆☆
入住手续办理	快捷、简单	☆☆☆☆	☆☆☆☆	☆☆☆☆
放置行李	方便	☆☆	☆	☆☆
挂衣服	方便	☆☆	☆	☆
换拖鞋	舒适	☆☆☆	☆	☆☆☆
上网	免费、网速、方便	☆☆☆☆	☆☆☆☆	☆☆☆☆
午餐／晚餐	无所谓	☆	☆	☆☆☆
洗澡	水热、水量大、干净	☆☆☆☆☆	☆☆☆☆	☆☆☆☆☆

续表

流程环节	客户需求	需求强度	七天	秋果
睡觉	安静、床铺的舒适程度	☆☆☆☆☆	☆☆☆	☆☆☆☆☆
早餐	卫生、可口	☆☆☆☆☆	☆☆	☆☆☆☆
办理退房	快速	☆☆☆☆☆	☆☆☆☆☆	☆☆☆☆☆
价格	性价比高低与服务的综合体验	☆☆☆☆☆	☆☆☆	☆☆☆☆

具体环节就不逐一展开叙述了。从表中可以看出，这类酒店，在很多地方，给客人提供了更好的体验。例如上网这个环节，只要住过一次，下次再次去的时候，手机和电脑就可以自动连接，而且网速也不错。自动连接这件事，有很多酒店都能做到，但估计是基于成本考虑，不少酒店无线网的速度，比手机的移动网络都要慢。

这类酒店与洗澡的相关设施，也比七天类酒店提升了不少，虽然谈不上奢华。

（2）做创新突破点分析时，第二个需要注意的方面，是对于硬逻辑和软逻辑的把握。

在酒店的这个案例中，比较典型的硬逻辑是先办入住手续，领到房卡之后才能进屋，如果打破这个硬逻辑，流程改变会很明显，用户体验也会有很大不同。正如前面所提到的例子，酒店集团给老客户提供自备门卡，在入住期间生效，离店后失效，其实就是打破了过去流程中的硬逻辑。原来是必须要到前台领卡，而现在这个环节被取消了。如果将来能把手机或生物特征作为房卡，估计感受会更不一样。

但硬逻辑的打破，也会产生相应风险，例如卡被破解后，没有办理住店手续，也能进屋。这种风险之前不是没有，但如果变成用户的自备卡，风险就会加大，而且可能会违反国家的相关规定。同时，如果使用刷脸方式进门，获取了太多用户的生物特征，可能也会遭到用户的抵制。

在软逻辑上，可以考虑环节顺序的调整和环节的合并。软逻辑的调整，也会出现风险，但风险相对较小，给用户带来的感受也不如硬逻辑带来的改变明显，无论是好的感受还是坏的感受。

我们可以回忆下最近使用的插线板，会发现现在很多新出的插座或插线板上面都有一个或几个 USB 口，这就是对原有动作环节的合并和简化。以前给手机充电，需要拿 USB 线连接手机和充电头，再把充电头插到插座上。现在直接把 USB 线插到插座上即可，减少了使用充电头这个环节。

类似这样的改良型创新，在我们生活中随处可见：

出门时，不想既带手机，又拿钱包和钥匙，那就用电子钱包和电子门锁；

睡觉前，懒得起床去门口关灯，那就用声控开关，或者用手机控制；

叫外卖，吃完以后要剔牙，没有牙签，店家就在外卖的餐具包里放入一根。

淘宝上有很多商品就属于这种改良式创新，与原来的商品比，改动不大，但使用体验会变好，虽然不是太明显——但这种改变就是改良式创新的特点。

想想看，下面的这些场景，是不是也蕴含了创新的机会？

扫地机器人处理集尘盒的时候，先得倒灰，再清理，很麻烦，有没有可能在不增加或少增加用户成本的情况下作改变？

换被罩的时候，要把被子很平整地套好很费劲，有没有能提供帮助的工具？

当双十一这样的购物节到来时，购物其实也是一件很烦的事。我们大多数人可能都需要计算各种优惠券的组合，比较各个购物平台上的优惠力度，然后选择在最划算的平台上，用最适合的时间，和最佳的购物组合方式完成购买，那么能不能有一个小工具，帮我们把上述环节都给合并了？

（3）在使用流程化思考，分析创新的突破点时，要注意的第三个方面，是需要知道，不是所有的创新都有商业价值。

创新，不仅要考虑可行性，是否符合国家的法律法规（例如前几年出现的胶囊旅馆，就被取缔了），还要考虑其商业价值。

是否具备商业价值的核心，是用户愿不愿意为创新带来的体验买单，以及这个买单的价格，是否能超过创新本身的成本。

几年以前，也就是在互联网创业风头最强劲时候，我的一个MBA学生找到我，跟我讨论了一个创业想法。

他想做一个 D To O 的项目，线上引流，线下给客户提供洗车服务，等有了足够的用户后，切入汽车后市场，例如维修、保险等业务。这个领域非常大，D To O 的模式听起来也非常符合当时的创业热点。

至于运作模式，公司会给每个员工配一辆电动三轮车，客户有洗车需求时，就近分配员工驾着三轮车，拉着几桶水过去。洗车虽然不是高频需求，但需求频次也不算太低，用这种方式可以获取用户信息，后期就可以做汽车后市场业务了。这个创业思路听起来还不错。

是创新吗？当然是。过去洗车，你需要把车开到洗车房，现在理论上你在哪都行。

我问了他一个非常核心的商业问题：洗一辆车的成本大概要多少钱？

很显然，一辆三轮车拉不了多少水，用完了以后还要找地方去接水。接水一般不能白接，是要付钱的，而且很多地方接的水还是工业用水，不是居民用水，工业用水的价格要比居民用水的价格高很多，再加上人工费用，还不算营销费用，只把可见的管理费用摊进去，得多少钱？

而且，客户的车是随机停放的，如果要提高对客户的响应速度，员工距离客户就不能太远，否则等员工骑着三轮车赶到，客户都要离开了，谁还找你洗车呢！这个短时响应就意味着需要设置足够的点位，每个员工服务可以覆盖的距离不能太大。很显然，点位越多，成本必然越高。

他当时告诉我的是：估算下来，洗一辆车要 58 块钱人民币。我说那你准备让客户花多少钱来洗车？他说开始为了引流，准备将价格优惠到 10 块到 15 块左右，中间补贴的那部分钱，通过融资获得，说白了就是烧钱引流。

我说烧钱没问题，但烧完之后呢，准备怎么办？一个客人会愿意花 60 块钱，找你们这样骑着三轮车拉着一桶水的人来洗车吗？我说我不会。我办了洗车卡，一张卡几百块钱，平均算下来当时洗一次也就 20 块钱。

现在洗车的价格当然上来了，但当时洗车，价格的确在 20 元附近。

虽然只能在一个指定的地点洗，但是我选择的洗车房，一定是在我家或办公室附近。你们的这种业务模式看起来很方便，车脏了，随时就能洗，但是价格远超我的预期，而且这种洗车的方式，我不会觉得比洗车房洗得更干净。另外，为了安全，我不可能不锁车门，车内是清洗不了的。但是我在洗车房，洗车的费用中是包括了洗车内的。

我说完以后，看得出那个小伙子很沮丧。但是没过几个月，听说他顺利融到了五百万。当时真的有些震惊。

不过，按照那个小伙子给我描述的运作模式，500 万元人民币又能支撑多久呢？果不其然，他们的项目好像做了不到一年，就关门了。

这个小伙子做的业务的确是创新，但最大的问题是，创新带来的成本，远远高于客户因为这种改进所愿意付出的额外代价，所以，这类创新就无法获得成功。

总结下来，在改良式创新中，流程化思考是一种发现创新切入点很有效的思考方式，包括对硬逻辑和软逻辑的打破、流程再造等，但这样的创新能否成功，还必须从商业角度去考量。

不是所有的创新，都是成功的创新。

十三、流程化思考的训练——从受控加工到自动化加工

流程化思考，是非常重要的一种思维模式。熟练掌握这种思维模式，会让我们对于问题的分析和梳理能力，有飞跃性的提高。

总结起来，流程化思考的运用要点如下。

第一，按照流程的方式，也就是事物先后的顺序去梳理问题、梳理事项，一定要把流程梳理出来，无论这个流程的顺序是外显的，还是内在的。当存在多个流程时，要找到主要流程；当多个流程互相嵌套或包含时，就先从产品流程开始梳理。

外显的好梳理，内在的流程，是比较难梳理的。至于用流程化思考梳理的环节，详尽到什么程度，和做事的目的有关。将事情不断地进行分解，分解到最后就会变成一个又一个的动作，如果是做产品设计，最好能梳理到动作层面；如果是用于分析问题，那么分析到工序即可。

第二，确认和思考在上述的流程中，各环节之间的顺序，属于硬逻辑还是软逻辑，是否有可能进行前后顺序的调整，或是用其他方式替代某个环节。这个步骤，是对于解决问题和发现创新点的，意义很大。

第三，发现其中的隐含逻辑。做这件事的意义，一是能够将过去的经验显性化，并有效传递给他人；二是能够发现自己和他人在认知上的不一致之处；三是有可能发现解决问题的隐含切入点。但需要注意，对隐含逻辑的认知，人和人之间的差异是很大的。比较棘手的是，如果你在向对方请教时，有些问题对对方来说是明显逻辑，所以有可能对方在解释时没有提到，而这些问题对你来说，是隐含逻辑，你又没意识到，就很容易在梳理环节的时候出现疏漏。

第四，标出上述环节中的关键环节，并按关键环节的重要性做出层次区分。在两个环节同样重要的情况下，解决问题，先从流程在前的关键环节入手。

第五，针对需要关注或解决问题的环节，找到相应的解决办法或处理手段。

在头脑中建立起上述五个步骤的意识后，接下来需要做的，就是通过不断的重复训练（重复弱刺激），将这个过程，变成头脑中下意识的思维习惯。

美国著名心理学家丹尼尔·卡尼曼在其《注意与努力》一书中，曾提出了认知心理学中一个很有意思的理论：资源限制理论。这个理论的基础，就是每个人的注意力都是资源。理论的基本假设是：完成每一项任务都需要运用心理资源。在操作几项任务时，这些任务可以共享心理资源，但是人心理资源的总量是有限的。对任务进行加工时，不同任务所需的资源数量不一样，人的大脑在同时操作几项任务时，会自动将资源分配给这些任务。

只要同时进行的几项任务所需要的资源之和不超过人的心理资源的总量，那么，同时操作这几项任务就是可能的。而超过这个资源量的任务，就被下意识过滤掉了，体现出来的结果就是"注意"的有限性。所以，"注意"的功能就是资源分配，如果一个任务没有用尽所有的资源，那么"注意"可以同时指向另外的任务。

资源分配理论，在心理学界，得到了较为普遍的认可。在此基础上，心理学家们又提出了认知领域的自动化理论。他们认为，对"注意"的需求可看成一个变化的过程，变化的一端是快速的、基于习惯的、自动化的直觉加工，即自动化的过程，只需消耗最少的资源；变化的另一端是缓慢的、受意识控制的理性加工，即非自动加工（受控加工）的过程，会消耗大量的资源。自动化加工和受控加工之间，并没有非黑即白的分界线，有很多任务，既有自动化加工，也有受控加工的内容。

显然，一个人对任务的处理，使用自动加工的比例越高，这个人可以同时处理的任务也就越多，体现出来的就是超过他人的工作能力。

就像是这本书，就算你看了一百遍，你看到的和学到的都只是知识，而不是能力。如何判断自己所学到的知识已经成为了能力？就是当你在实际运用这些知识时，你无须在头脑中去刻意地思考，而是下意识地就能够使用这些知识中所蕴含的规律，就意味着这个知识已经转变为你的能力了。

所谓的知行合一其实就是这个道理。

所以，请坚持有意识地训练自己的流程化思考的思维模式。在一段时间后，当你再次处理完问题之后，请停下来，想想自己刚才是否已经下意识地使用了流程化思考？如果你发现自己已经不自觉地使用这种流程化的方式来梳理问题，寻找答案，那么说明你已经把运用流程化思考对事物进行受控加工，变成了自动化加工。

这时就可以恭喜你，你已将系统思维的框架构建得有模样了。

读者有兴趣的话，不妨尝试用流程化思考，对以下案例进行分析。

案例一：别让旅行留遗憾

根据下面的案例，列出需要准备的物品清单。

你家在上海。你和你的爱人商量利用暑期（八月份），两个人都休年假去香港玩一次。整个行程来回共五天，从上海飞香港，回程是香港飞上海。

你们选择了自由行项目，旅行社只负责帮你们安排酒店和机票，其他的行程全部由你们自行安排。具体日程是第一天上午从上海起飞，下午香港落地，第五天上午乘坐航班从香港返回上海。

在香港期间，你们准备花两天时间在香港游览市区、购物、品尝美食，接下来再去迪士尼玩一天。

你和你爱人的年龄都是 30 岁左右，未育。

案例二：怎样说服你的领导

你是一个团队的负责人，目前手下有 5 个人。最近一段时间，因为公司接了一个大项目，所以工作量明显增加，大家每天都加班到很晚，叫苦不迭。因为这个项目要持续大半年，你担心没撑到半年，人就离职走光了。思来想去，你想跟领导申请增加一个人员编制。

你的领导是从别的公司过来的，和你共事不到一年，是一个非常严谨和理性的人，与你的关系正常，谈不上特别亲密，对你倒也没有什么不满。

你上级的汇报对象是公司副总裁，他也是你的领导到公司以后才认识的。从你的观察来看，两个人的关系和你与你领导的关系差不多，都是正常的职场关系。

请问，你应该如何准备，才能尽可能确保说服领导同意你的需求？

第二篇

分类思考

流程化思考是构建系统性思维最重要的思考模式之一，但不是唯一的思考模式。在解决问题时，对于某些问题来说，用流程化思考来分析和处理，不仅效率不高，可能还不容易得出结论。

比如，你是一位管理者，你手下有一个你很看好的员工找到你，说他干了那么多事，但奖金却未达到预期，感觉非常不公平，于是跟你抱怨说，以后也准备要混日子了，反正干多干少一个样。请问，此时你应该如何去开导员工？

每个组织，都会存在或多或少不公平的问题，因为的确没有绝对的公平。而且，组织越大，出现不公平的情况也就越多。你让员工去理解，去心甘情愿地接受，效果肯定不好。而且这种话说多了，员工会觉得你是在画大饼，慢慢地就会疏远你。

所以此时，你面对的问题是：在有些不公平的环境下，你应该用什么样的方式去劝导员工正确对待工作？

这时，用流程化思考可能会很难着手。我们通常的分析思路是像下文。

面对不公平，首先考虑的是能不能改变这种不公平。如果能改变，那就想办法去改变，或等待改变。但遗憾的是，大多数情况下，我们每个人在职场中面对的不公平，是无法改变的。所以，我们每个人的选择无非两种。

第一，不干了，混日子。客观而言，越大的公司，越容易混日子，因为有你不多，没你不少。但别忘了，混日子是无法成长的，这个过程中，损失的是你自己的时间。混了一年两年，身边其他优秀的人都成长了，只有你被落下了，这样值不值?

第二，不管外界环境是否公平，该怎么干就怎么干。因为工作是给自己做，不是给别人做的。在做事的过程中，让自己不断成长。当有一天自己变得足够强大时，如果公司环境不错，那就留下来；否则此处不留爷，自有留爷处，完全可以去找其他更适合自己，职位和薪酬都更高的地方。这个并不是很难实现的结果。

对于我来说，肯定选择后者，这也是我在原来公司时遇到的真实情况。但最终无论员工做出哪个选择，都和个体的价值观有关，如果经过你的疏导，你的员工还是选择了第一种做法，也没必要去指责他，你只需要考虑，未来是否还要给他机会，包括继续提携他。

在上述对问题的分析中，我们似乎也使用了流程化思考，像现在不努力，将来会有什么结果，但从最开始我们对问题进行分析时，我们实际上是把面对不公平时的做法，分成了两种情况，如何根据这两种情况，再继续做分析。就是接下来我们要讨论的另外一种很常见，也很重要的，构建系统思维能力时的思考模式——分类思考。

一、分类的意义

在讨论分类思维之前，先要明确本小节将多次提到的两个概念：

分类维度和类别数量。

分类维度：是指从哪个角度去做分类，例如对人群的划分，可以从年龄的角度，性别的角度，地区的角度等。

类别数量：是在每个维度下，可以划分成多少类。在不同分类维度下，类别数量既有可能是固定的，也可能是无限的。

假如不考虑中性人，如果从性别角度来分类，性别只有两种：男性和女性。

但要是从年龄的角度，可以划分的类别数量就难以统计。你可以以十年作为一个年龄段来划分，比如从 1 岁到 10 岁，从 11 岁到 20 岁等，你也可以按照每年作为一个年龄段，甚至按月都可以。具体怎么划分，与你做事的目的相关。假如你要统计单身人口的年龄分布，20 岁以下就完全没有必要细分。而且，这种划分，也未必是等距的，就像公司统计不同员工的离职率时，可以按照入职一个月内，三个月内，半年内，一年内，三年内，五年以上几个维度来分，这显然从时间上，就不是一种等距划分。

回到本篇开篇时提到的例子，我们使用了两个分类维度，在每个维度下，又分别有两种类别。第一个分类维度，是看是否能改变不公平。类别数量有两种：能和不能。第二个分类维度，是面对不公平的时候，我们的选择。也是两种类别：努力与不努力。

请先对这两个概念有所理解，我们才能接下来讨论分类思维是如何帮助我们进行逻辑梳理和问题定位的。下面我们分别看几个案例。

对员工绩效不满意，该怎么做？

我这些年讲管理课时，经常遇到学员问我，对手下某个员工不满意，该怎么办？如果具体描述，就是这个员工工作结果达不到要求，也跟他进行了数次谈话，谈的时候，态度都挺好的，他也说自己一定会努力，但是工作结果始终没有明显的改善。

读者们能给这位学员一些建议吗？

类似的问题，如果你上网搜，答案太多了，比如加强培训，想办法进行激励，加强团队建设，通过身边其他同事影响他，多和他谈心，等等。对吗？都对，也都不对。从这些手段来说，确实都有可能用到。但从问题的回答来说，都错了。

在我们给出意见之前，先需要在大脑中对问题进行分类。

首先，你需要知道，影响员工绩效的因素有四个：环境、机会、能力和态度。这四个因素是理论研究的结果（在人力资源领域，也被称为绩效公式），可以通过学习得来，也和我们管理中的感知是吻合的。

对员工来说，环境指的是他所拥有的工作条件、公司的制度、流程、规则等。这些通常都是员工自身无法去改变的。例如，把你安排在一个密闭空间中（不是监狱里），灯光昏暗，空气浑浊，上班时间不允许自由走动，上厕所得打报告，不经允许不能离开工位，哪怕去接水也不行，你的工作效率能高吗？

机会指的是恰好给了员工施展发挥的空间，或者碰上了某个好的运气。就像新冠疫情刚发始的时候，如果你的企业正好正在从事口罩生产，估计那时一个月挣的钱，比正常情况下十年挣得都多。这和个人的能力和努力程度没什么太大关系。所以为什么说要创业要选对风口，就是这个道理。

上面两个因素都属于外部因素，是员工自己无法控制，甚至无法干预的，但它们都会对员工的绩效和产出产生很大的影响。用外部和内部因素，对前面的四个因素做分类，是第一个分类维度。

能力指的是员工自身所拥有的特质，这部分内容完全是员工自己所控制和决定的。只要员工想学习，想提升，就一定能有成长。但如果他一心就想混日子，给他再好的学习机会和条件，也很难看到他能力的提升。

态度指的是员工投入工作的欲望，显然，这种欲望越高，员工在工作中的表现就越积极。这个因素，也完全是由员工自己所决定的，只不过会受到外界因素的影响而已。但为什么不同的人，在完全一样的环境下，表现出来的工作态度会不同呢？这就跟个体的价值观有关系了。关于价值观的话题，在我所著的《痕迹识人》一书中有比较详细的描述，有兴趣的读者可以去看看。

在外部因素中用环境和机会来分类，在内部因素中用能力和态度来分类，是第二个分类维度。

在建立这个分类的概念之后，再回到前面的问题，就知道该如何分析了。我会问学员以下几个问题。

你觉得他工作达不到你的要求，是外部因素还是他自身的原因？

（第一个分类维度：内、外部因素）

如果是自身的原因，是他的能力不足，还是工作态度的问题？
（第二个分类维度：能力或态度）

如果是能力不足，是哪方面的能力不足？如果是底层能力，例如智力水平，那改变起来实在太费劲，不如放弃；但如果是职业技能，那是可以通过训练得到提升的（开始进入第三个分类维度）；

如果是态度问题，是一贯如此，还是最近变成了这样？如果一贯如此，大概率是价值观的问题，而成年人的价值观是很难改的，建议放弃（第三个分类维度）；

但如果是最近才这样，说明可能有些需求没有得到满足，那你先要去了解员工哪些需求没有得到满足，你能否去帮他满足（进入第四个分类维度，但这个分类维度与上个分类维度是在同一层次上的，都是属于第二个分类维度中的内容的进一步细分）？

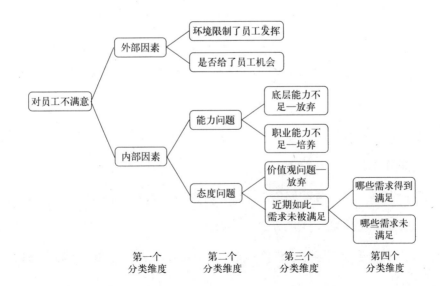

第一个   第二个   第三个   第四个
分类维度   分类维度   分类维度   分类维度

只有经过了上面这种分类分析的思路，才能准确找到问题的原因，对症下药。换句话说，要用分类的方式快速界定问题到底在什么地方，聚焦之后，才能有针对性地去寻找解决问题的方法。

这就是分类思维的第一个意义：澄清问题。

当然，前述分析只是框架，在每种情况下，还可能有更多的分类维度，在具体梳理问题时，上述分析方式有可能依然显得较粗，不足够精准定位问题。但从思路来讲，按照这个思路去处理，是没有问题的。

分类水平的高低其实也在很大程度上体现出一个人思维能力的高下。思维能力强的人，能用最少的分类维度，快速地定位问题点，思维能力差的人看了半天，都不知道问题出在哪儿。

哪出毛病了

几年前，北京一个专业的医生组织，请我去给他们做演讲比赛的评委，同时顺便做一下演讲与表达技巧的培训。因为我年轻时拿过两次清华大学演讲比赛的冠军和一次当年的经贸部（现在的商务部）演讲比赛的冠军，所以我虽然无法从专业角度来判断他们的医术高低，但可以从演讲的专业角度给他们提提建议。

参加比赛的都是年轻大夫，每位上台的医生，演讲的内容，都是他们医疗实践中的真实案例，既有成功的，也有失败的。

说老实话，他们讲的那些术语，我基本都听不懂。一边听，一边百度，也只是明白了大概意思。但是听他们的逻辑，听下来却发现很有意思。医生看病，本质上就是根据检测和观察到的各种数据和症状，运用分类的原理，对可能的病因进行判断。有些大夫，思考治疗方式的过程，即使是我这个外行，都觉得不严谨。

所以后来我上台做点评时，跟他们开了个玩笑。我说我感觉咱们好多大夫看病，看得好不好，多少有点带蒙的成分在啊？底下的评委，除了我以外，其他都是在这个领域中的高级别专家。我说到这里时，不光选手们在笑，专家们也在笑。我说我现在终于明白了，好大夫和差大夫的区别是什么了。好的大夫是头脑中的分类维度更多，更细致，每种分类维度下的类型更完整，而且针对每种类型的病因，治疗手段也是很清晰的。而水平差的大夫则是头脑中的分类较少，在同一种分类维度下，类型也不完整，看不到在同一种症状下，病因也有可能有很多种。

换句话说，造成某一个病症的原因，比如从免疫系统的维度来说，其实可能有五种，好大夫头脑中有这五种病因的分类，然后能根据各种检测报告和症状，判断到底是哪一种原因最有可能导致了这种疾病的发生。即使判断不够准确，但由于分类是完整的，通过一段时间用药的试错和观察，也能快速定位病因所在。

而水平不高的大夫，头脑中只存储了三类或两类病因，如果病人发病的原因确实在这两种或三种之中，开的药就能见效；但如果这个大夫运气不好，病人的症状，是由于三种之外的病因导致的，这病对他而言就变成了疑难杂症。

所以为什么我们常说，医生年龄越大越值钱，是有道理的。因为年龄越大，从业经验越长，见过的病人越多，头脑中储存的各种分类维度就越多，每种分类维度下的类型也就越来越完整。所以他们往往能比年轻大夫更准确地找到病因所在，并基于这个病因对症下药。

当然，不是说年龄大的大夫，水平一定比年轻大夫高。就像其他行业一样，医生队伍里也有混日子的人，也有悟性高、很勤奋、好学的人，混日子的医生就算干到 100 岁，找他看病，也胆战心惊。

补充一点，医生看病，其实就是在综合运用本书所提的系统思维的三种模式：流程化思考、分类思维，以及后文将分析的验证思维。

很多人在工作中遇到问题时，会去网上找答案。我年轻时也是，但发现网上很多答案，特别是跟管理和职场相关的问题，都不太靠谱，原因就在于提供答案的人，并没有对问题做出分类，而是仅仅把自己应用过的处理手段做了罗列，看似很有条理，但因为不同的处理手段，一定是针对不同类型的情况。所以，如果在最开始，对问题不做区分，就给出建议，这种建议往往是没什么价值的。

类似情况，在很多管理类的书籍，特别是鸡汤类的书籍中非常常见。我最近在一本书里看到了这样一段话，大意如下：

"美国商界中年薪最先超过 100 万美元的美国钢铁公司第一任总

裁查尔斯·史考伯告诉我们要诚于嘉许，宽于称道。洛克菲勒就学习查尔斯崇尚真诚的称赞，以至于在他的合伙人处置一笔买卖失当，使公司损失了投资额的 40% 时，他不但没有指责，反而称赞这位合伙人保全了他所投资金额的 60%。'棒极了'，洛克菲勒说，'我们没法每次都这么幸运。'"

这样的案例，听起来似乎很有道理，但在管理实践中，如果你真的这么去做，很有可能会让你肠子都悔青。

按照前文提到的绩效公式，员工没做好，要看是因为外部因素还是内部因素，是能力问题还是态度问题。如果是外部因素，上述做法当然没问题。如果是态度问题，上述做法的本质就是在纵容，绝不是好的处理方式。

所以，请读者们将来在学习他人的经验，包括看书时，务必要注意，作者或成功人士给出的那些看起来很有道理的建议，到底适合哪类情况或哪类问题？在哪些类型的情况下，是不宜使用的？很多成功人士的分享，其经验是带有片面性的。例如，在前些年创业大潮激荡神州大地的时候，我们可以听到很多成功人士，在分享创业经验时，不断告诫我们，创业最开始，一定要在找人上花最多的时间。听起来真的很有道理。但是，对于绝大多数创业者来说，在实践中会发现，这个经验没法用。

道理很简单，企业在创业初期，创业者一般分两种情况，一种是含着金钥匙出生，不差钱的，不管是由于创业者的光鲜背景，还没开始干活就有投资者把钱奉上，还是创业者本身就很有钱，携带充沛资金入场，这种人，最开始把主要精力放在找人上，当然没问题。第二种情况，是创业开始就没什么钱，这时，企业最重要的任务是活下去，创业者最主要的任务不是找人，而是找业务，先把工资和房租挣出来。这时，也是在找人，不过不是在找自己的员工，而是在找客户。

很遗憾，第二种情况才是很多创业者的常态。我倒不觉得那些成功人士分享这些是为了故意忽悠大家，而是他们自身的经历，未能让他们意识到他们的做法，只适用于很小一部分人群。

同样，我们也建议，读者在阅读本书时，带着这样的思维方式来思考，本书给出的分析和结论，是否能够适用于你所遇到的各种类型的问题和情况？这个过程，既是对知识进行吸收的过程，也是对过去的经验进行总结梳理的过程。

前几年，有人研究出了一个性格色彩学，因为比较有趣，很多人都觉得特别好，就拿它来对自己和身边的人做判断。

在心理学中，有很多种对人格进行分类的理论，其中有两种，一种叫 DISC（人格测试），一种叫 PDP（就是你经常听到的什么孔雀型人格、老虎型、猫头鹰型之类的），虽然各自都有缺陷，但仍都算是比较成熟的心理学理论。你看完这两种理论，就知道性格色彩学是怎么回事了。想想看，星座、属相、血型等这些看人的角度，不也是在用分类原理处理人的问题吗？

人的复杂程度极高，以我个人的经验来说，用单一维度分类，对人进行划分，是有很大缺陷的。而且，单一维度下，类别越少，划分出来的结果，精确性就越差。就像我们把人分成男人和女人，在处理问题时，肯定有些共性特征可以用，但显然，可用性不高，准确率也低。全球七十多亿人口，四种分类来区分，每类里面就差不多20亿人，这种分类的意义对实际与人交往的作用能有多大呢？星座算好的，12种，但也远远不够，所以星座里面还需要增加其他的分类维度，例如风象星座、火象星座，上升星座、下降星座等。不过，这就造成一个很有意思的结果：分类维度越多，相对越准，也会让知识体系越复杂。

说句题外话，在心理学领域，目前比较公认的人格分类，是本书前面提到的大五人格分类。

这里我们不讨论上述理论是否科学、合理或有效，从分类思维的角度，不管是DISC，PDP，还是性格色彩等，本质上都是人格分类的方式。每种人格，都会有共同的特点，所以，当我们判断出对方是属于哪种人格类型时，就意味着我们可以采用与此相对应的相处手段。

就像PDP中的老虎型人格，被描述为控制欲强，所以，跟这种人打交道，不要让对方感觉到自己被主宰和控制，这会让对方产生非常不舒服的感觉。

很显然，针对这种分类产生的处理方式，有时你会发现有用，有时没用。例如，一个老虎型人格的人，有求于你时，你觉得上述结论还适用吗？

由于人的极度复杂性，用简单分类对人做划分，准确率一定不会太高。

但是，从分类思维的角度来说，分类之后，同类问题，虽然表现方式会有区别，但因为找到了共性特征，所以分析和处理同类问题时，过去处理同类问题的经验就可以复用，处理问题的有效性和准确性就能提升。当然，前提是分类本身是可靠的。

这就是分类思维的第二个意义：针对每种分类纬度下的每种类型，找到相应的解决手段。

一个系统思维能力强的人，看问题时通常也是准确、清晰、敏锐、逻辑性强的。

有兴趣的话，请读者尝试做一下下面的案例练习：

你跟领导申请组织一个活动，比如说一个营销活动或一个客户的大型答谢会等，但是领导不同意。可是他没有说到底哪不同意，你应该怎么办？

学习了无数的公众号，为啥没有效？

我认识一个女生，是从事人力资源领域方面工作的，专业基础很弱，但是学习和成长的欲望非常强，自己订阅了大量的与专业和职场相关的公众号，基本上每篇文章都认真看，有时看完了还会在朋友圈里转发自己的学习心得。

但是我发现她在学习时，有一个很有意思的特点，就是她会把她看完觉得很有道理的文章学起来，把作者的观点，变成自己的观点；但再过几天，换了另一篇文章，她感觉很有道理，也会全盘吸纳，但仔细推敲，有些阅读者会发现这两个作者的观点是相悖的，可她并没有意识到。

因为她偶尔会把自己看到，觉得不错的文章发给我，也跟我分享自己的学习体会，开始我还会跟她交流一下如何去理性地吸收这些文章里有价值的内容，而不是照单全收，但后来我发现这种指导没有用。原因在于，对于人力资源管理整个体系而言，她完全没有体系中内容分类的概念，也就不存在属于自己的知识体系，所以在公众号上学习的时候，都是典型的碎片化学习，学到的东西一是无法在自己的知识体系中进行归纳和整理，二是无法真正落地使用，因为人力资源的各个细分体系，也是有逻辑关系的，某一个观点，在不考虑其他因素的情况下，也许是对的，但放在复杂的实践环境中，结论的准确性也许会有很大问题。

例如，企业招聘时，德更重要，还是能力更重要？当然是两方面都重要，你不能说，一个是聪明的坏蛋，一个是高尚的傻子，选哪个？

这个问题，其实是这两种情况下的选择：两个候选人，德行和能力都达到了基本要求，但是一位候选人能力更好，品德水平合格；另一位品德高尚，但能力一般，你选谁？

如果上网查这个问题的答案，会发现，两种说法都有，而且都会有支撑自己观点的案例，包括很多历史上的案例。但你采用任何一种答案，在实践中都有可能出问题，这是为什么呢？

因为，企业在不同发展阶段，应该采用不同的标准。一般来说，企业在成立初期，需要活下来的时候，能力为先；企业比较稳定，组织内的建章立制工作比较到位的时候，德可能更重要。观察很多组织的发展历史，这个特点都是可以清楚观察到的。

这里面还有一些其他隐含的逻辑关系，例如，企业在初创阶段，由于缺乏知名度和吸引力，为了吸引能力强的人加盟，通常会采取强激励的手段（不一定是固定收入高，可以是奖金或提成或股权比例高，例如二十多年前的华为），而企业到了规模比较大，稳定程度高，吸引力强的时候，对个体能力的依赖性相比小企业，其实是降低的，因此，他们往往不会采取在市场上用最高的薪酬来吸引候选人这样的手段（互联网领域比较特殊，跟这个领域的快速发展，原有市场人才短缺，企业大量争抢人才有关），这时，能力特别强的人，来的意愿反倒可能会降低。所以，这也会导致很多公司做到市场领先时，在人力资源供应充足的情况下，往往不会采用市场最高的薪酬来吸引候选人（个别职位除外）。

通过上述分析可以看到，对人力资源的理解，即使看起来只是用人这个模块的问题，也需要和企业的业务发展阶段相结合，和薪酬策略结合在一起考虑，而不能单独就事论事。

这几年，人力资源领域有个概念：OKR（目标与关键成果法），非常火，很多企业一看一些著名的互联网大厂都在用，而且培训领域有不少人也在宣扬 OKR 会替代 KPI，不少中小企业就一窝蜂去学去用。但这样的模仿，是有很大风险的。

OKR 和 KPI 本质上都是目标管理的工具，二者之间最实质的差别在于：前者强调的是基于目标的过程管理；而后者是相对更看重结果的管理方式。二者其实是可以并行的，并不存在谁替代谁的问题。从二者的特性来说，对于创新型企业，OKR 要比 KPI 的管理有效性更高，但对于成熟的传统企业，KPI 在达到同样效果的同时，管理成本要大大低于 OKR。所以，怎么使用还是要根据公司的具体情况进行分析。

读者有兴趣可以看看网上无数关于 OKR 特点描述的文章，就会发现，那些所谓 OKR 的特征，放在 KPI 身上，一样可以用。如果用分类思维的模式来思考，当不同类型的两种事物，第一种类型里事物的所谓几个特征，用在第二种分类的事物上也完全适用时，岂不是证明最开始的分类就有问题吗？

这其实是对分类好坏进行判断的一个标准：不同类型之间，如果没有差异，说明这个分类是无意义的。

把前面的内容结合在一起，我们会看到，分类就像盖一栋仓库，先搭好隔断，区分出存储区、理货区、装卸区等，然后在仓库又分出整箱包装、小包装和散装的区域，帮我们把整个知识体系的框架搭好，这样我们在后续学习的时候，就可以有条不紊地将各种知识分门别类地放入到相应的类别中。

这就是分类思维的第三个意义：系统性学习，构建知识体系。

在学习他人的知识和经验的时候，如果对方已经提供了分类的知识和经验，这种情况是最好的；如果对方没有提供，那就要自己想办法梳理出分类来，相当于自己建一个知识仓库，这个过程可以帮助我们真正实现知识的转化。

我在讲课时，通常都会建议学员多看书，不要过度依赖从各种网站或公众号里获取知识。这种碎片化的学习，非常不系统，原因之一就在于因为篇幅所限或传播所需，文章所传递的信息，往往只是各种可能性中的一种或几种，但因为在表达观点之前，并没有对问题做分类，所以给出的解决建议，往往带有很强的片面性。如果你盲目跟随，就会发现这些建议在某些时候不仅没有效果，甚至会起到反作用。

遗憾的是，短视频这几年的快速发展，让这种情况不仅没有得到好转，反倒愈演愈烈。不少短视频博主为了吸引更多流量，在给出对某些问题的回答时，以偏概全，只谈一点，不及其余，让缺乏该领域知识的受众，很容易被误导。所以，如果想构建起自己的知识体系，还是通过靠谱的书籍吧。特别是当你想进入某一个领域时，强烈建议你从这个领域的教科书开始学习。虽然会很枯燥，但对于知识体系的搭建，是非常有效的。

分类的目的，是对事物进行划分。同类事物因为有着相同的共性，所以就可以使用相似的方法或原理去处理。

一个人头脑中掌握的分类方法越多，就意味着他可以对事物进行更多角度，更精准地区分，从而更快速更高效地处理问题。

通过坚持不断的训练，我们可以把这些分类的方法，变成习惯甚至是下意识的思维。这样，当我们遇到问题的时候，无须刻意去思考从哪些角度对问题做分类，而是自然而然地直接就能应用最好的分类方式去处理问题，也就是拥有了自动化加工问题的能力。在其他人看来，就是你的思路清晰，把握问题的能力非常强。

所以，我们在学习时，除了要学习具体的知识点以外，还需要学习其中的分类方式。这些分类方式，就是我们对知识进行系统化构建的框架。

二、分类与归纳

一个人经历的事多，并不代表经验就一定丰富。将经历转变为经验，是需要总结和提炼的，而总结提炼时，用到的很重要的一种思考方法，就是分类。

我原来有个 90 后的同事，年龄不大，但是恋爱经历很丰富。有一次我在跟他讲分类思维的时候，他活学活用，把跟自己谈过恋爱的女孩也进行了分类：

从性格的角度，有温柔婉约的，有泼辣飒爽的；

从出去玩的角度，有安静乖巧，喜欢宅在家里的；有动如脱兔，两天没聚会约饭就忍不了的；

从购物的角度，有疯狂迷恋奢侈品，分期也要买的；有极简生活，无欲无求的；还有喜欢追求性价比，购物前必定货比三家的等，诸如此类。

可以分类的维度有很多，他说自己准备把这些分类在头脑中梳理出来，再结合自己的类型，就知道和什么样的女孩在一起谈恋爱会更适合了。

接下来让我们一起上手试试吧：

把你身边的朋友进行一次分类，类别越多越好，你可以按性别、年龄、关系是否亲近等各种标准来分，看看你能找出多少种分类方式。

分类，就是在各种事物中，寻找其中的规律，并按照一定的规则进行划分，最后使得每种类型中的事物具有同样的特征。

因为具有同样的特征，所以，就可以使用相同的方法去应对。

对事物进行汇总，寻找规律进行划分的过程，就是归纳。

因此，分类可以理解为是归纳推理的应用。

三、这些分类你知道吗?

分类的维度，可以说数量极多，根本不可能穷尽。但是，对于这无数的分类维度本身，我们依然可以从几个不同角度，来对分类维度进行分类。

通用分类与专业分类

第一个角度，是从分类维度的通用性，把各种分类方法分成两大类：一是通用分类；二是专业分类。

通用分类指的是基于常识的分类，换句话说，无须专业训练，在日常工作和生活中，我们就会接触和学习到的分类，并且这些分类维度并不局限于在某个特定领域应用，可以在很多领域使用。

就像我们分析问题或制定计划时，经常用到的5W1H（Who，When，Where，Why，What，How），生活中常讲的柴米油盐酱醋茶，以及基于生活常识的分类，例如性别、婚姻状况、受教育程度等，这些分类并不需要具备专业知识才能使用，而且能应用在各个领域。

专业分类，指的是从专业维度对问题和事物进行分类，如果你没有相应的专业知识或专业经验，是不具备这种分类能力的。

比如说，如果我问你，什么是钢和铁的区别（请立即回答不要上网进行相关查询）？没有专业知识（不一定是学相关专业或从事相关专业才有的专业知识）肯定说不上来。答案是：用含碳量来区分。换言之，从含碳量的维度来做区分。

钢的含碳量一般在 0.03% 以上，2% 以下；而铁的含碳量较高，一般在 2% 以上，4% 以下。简单点说，含碳量 2% 就是它们的区分点。

枪和炮的区别是什么？从口径的维度做区分。一般来说，口径 20 毫米以下的是枪，口径 20 毫米以上的算炮。

一辆汽车，由几部分构成？从专业角度来说，分成四大部分：发动机系统，底盘系统，车身系统和电气设备系统。

上面这些都是专业分类，没有专门地查资料、学习等，是无法掌握的。所以，一个人的专业水平越高，他所掌握的各种相关专业内的分类方法就越多，这个思路，可以帮助我们判断一个人的专业水平。

串行分类与并行分类

第二个角度，是按照同一个分类维度下，不同类别之间的关系，或各种类别之间的构成方式，把各种分类方法分成两大类：一个叫串行分类；一个叫并行分类。

所谓串行分类，就是可以找到各种类型之间，潜在的逻辑变化关系，从一种类型，通过潜在逻辑关系，推导出其他的类型。这种思路，可以理解为流程化思考在分类思维中的应用，也就是把前面提到的流程化思考中的各个环节，对应为分类中的不同类别。

例如，我们做人员分类时，年龄通常是一个很重要的分类维度。从年龄角度，可以分成多少类呢？理论上，可以分成无穷多种类别。但类别太多，是没有意义的。

所以，从实践的角度，我们通常会按年龄段来划分人群。例如把人群分成20岁以下，21岁到30岁，31岁到40岁，和40岁以上。到底分多少种类型，取决于你的目的是什么。如果要统计未婚人群在各年龄段的占比，可能分成30以下、30到35、36到40、40岁以上，就足够了。

在本书关于流程化思考的部分，就讲到过这种数字变化，是符合流程化思考的特征的。所以，当我告诉你，从年龄的维度，对眼前的人群做分类，以10年为一段，从20岁开始到60岁为止。具体分成哪几类，显然你非常清楚，不用教，简单地推理就能得出来，而且还不会遗漏，因为各种类型之间是连续变化的。

用ABCD这种分类，也是同样的道理。就像市场上，把车分成A级、B级、C级车，门锁安全性也分成A级、B级、C级等。

并行分类，指的是两者之间没有必然的逻辑关系，但这些分类在一起，构成了对目标对象的完整描述。例如对整个的客户群体，从成交可能性的维度，可以分成目标客户和非目标客户。如果从运输工具的维度，运输方式可以分成铁路运输、公路运输、航空运输、海运，再往后可能还有航天运输等。

并行分类，各个类别之间没有内在的逻辑关系，各类别之间是平行的关系。

比较一下这两种分类，就会发现串行分类由于各个类别之间，有内在的逻辑关系，所以类别不容易出现遗漏，但并行分类就不一定了。

就像运输方式，在边远山区和古时候，还会用到马和毛驴或者自行车来运输，显然，这种动物运输是无法归入到前面的那五种运输类别中的，属于新的类别。

尽管并行分类在类别完整性的保证上，不如串行分类更高，但它依然是使用频率极高的分类。例如性别男女的维度，家电中的冰洗分类等。一般来说，在并行分类的某个维度下，类别数量越多，越容易出现遗漏。

就像招聘网站上，对职位的分类，采取的就是并行分类。十多年前，我最开始创业时，做的业务与智能招聘有关。当时，我研究了各个招聘网站的职位分类，发现每个网站都不一样，数量有的是700多，有的是900多，和国家的职业大典有些并不相符。我曾经在这些大的招聘网站上都搜不到"买手"这个职位。这就是并行分类可能会带来的问题——遗漏。

两种分类，哪个更好

串行分类与并行分类这两种分类方式，并不存在哪种分类更好的问题，而是我们要针对不同的情况，找到相对更适合自己的分类方式。

从我们的经验来说，对于不熟悉的事物，建议先尝试用串行分类看看是否可行；如果不可行，再采用并行分类。

在使用并行分类时，如果一个分类维度下，类别数量太多，就像前面提到的职业分类那样，那也可以尝试增加分类维度。因为分类维度增加了，每个分类维度下，类别数量就可以减少，从而更容易判断类别是否有遗漏或交叉。

每年6、7月份，对绝大多数高三的学生和他们的家长来说，都会面临一段忙碌而焦虑的时光——选专业。

目前，中国高校里开设的专业有700多个，如果只是从专业这个维度来分，就是在这个维度下，会有700多种类型，这就太多了。

所以，高校的专业划分，实际上是有多个分类维度的，如下表所示。

第一个维度，从大的学科上，可划分为：法学、教育学、文学、工学、医学、管理学、艺术学、理学等14个类别；

第二个维度，是在上述的14个类别下，继续从门类的角度来划分，例如，教育学这门学科里，按照门类，又被分为教育学类和体育学类。在这个维度下，每个大的学科门类里，划分出的门类数量是有差异的；

第三个维度，是从专业角度，再对不同门类进行细分。例如，经济学类里，可以分成经济学、国际经济与贸易、财政学、金融学等几类。

学科	门类	专业名称	学科	门类	专业名称
哲学	哲学类	哲学	经济学	经济学类	经济学
		逻辑学			国际经济与贸易
		宗教学			财政学
					金融学
法学	法学类	法学	教育学	教育学类	教育学
	马克思主义理论类	科学社会主义与国际共产主义运动			学前教育
		中国革命史与中国共产党党史			特殊教育
	社会学类	社会学			教育技术学
		社会工作		体育学类	体育教育
	政治学类	政治学与行政学			运动训练
		国际政治			社会体育
		外交学			运动人体科学
		思想政治教育			民族传统体育
	公安学类	治安学	历史学	历史学类	历史学
		侦查学			世界历史
		边防管理			考古学
文学	中国语言文学类	汉语言文学			博物馆学
		汉语言			民族学
		对外汉语			
		中国少数民族语言文学			

续表

学科	门类	专业名称	学科	门类	专业名称
文学	中国语言文学类	古典文献	理学	数学类	数学与应用教学
	外国语言文学类	外语			信息与计算科学
	新闻传播	新闻学		物理学类	物理学
		广播电视新闻学			应用物理学
		广告学		化学类	化学
		编辑出版学			应用化学
	艺术类	音乐学		生物科学类	生物科学
		作曲与作曲技术理论			生物技术
		音乐表演		天文学类	天文学

上表这些分类是部分高校专业的简易划分，且基本都是并行分类，但是因为使用了多个维度逐层分类，所以在每个维度下，类别数量不多，判断是否遗漏就较容易。

同时，这个分类，也可以成为大学填报志愿时的参考。首先，把不想学的学科去掉，或者只留下想学的学科。

其次，在每个想学的学科里，把不想学的门类去掉；

接下来，把想学的学科里，不想学的专业去掉。

最后，在剩下的专业里，做仔细的比对和选择。

上述过程，就是运用分类思维，进行问题分析的典型过程。

有兴趣的话，读者可以接下来做以下几个练习：

找出 30 种以上的分类方式，从任何角度、任何方面都可以，就像前面提到的运输方式、性别、年龄、家电产品等；

思考这些分类方式，属于并行分类还是串行分类；

如果是并行分类，思考你所划分出的类别，是否有遗漏？

四、什么样的分类是好分类

麦肯锡的 MECE 原则

在使用分类思维对问题进行分析时，无论是金字塔原理，还是思维导图，我们都会看见分类有可能是多层的。通过不断运用分类思维，对问题进行层层分解，直到最后我们可以都清楚地看到每一种分类的问题和解决办法为止。

在每一个层次上，针对同样的事物，我们可以使用不同的分类维度对事物进行分类，但是，不同维度下的分类，结果可能是完全不一样的。

就像对人的分类，可以从男人女人，成年人和未成年人，好人坏人等，至少几十种不同的维度进行区分。那到底什么样的分类方式是好的方式呢？写到这里，我想介绍一下在麦肯锡方法中提到的很重要的分类原则：MECE(Mutually Exclusive Collectively Exhaustive)，翻译过来的意思就是：完全穷尽，没有交叉。

完全穷尽，就是将各种情况都能包括进去。例如，打过疫苗和没打过疫苗的，成年的和未成年的，这样的分类，能覆盖所有人。

但如果把女性分成未婚未育、已婚已育、已婚未育这三类时，就会遗漏掉未婚已育这种类型。

一般而言，在某个维度下使用并行分类，且分的类型越多，越容易遗漏，就像前面讲到的运输方式的例子。

如果使用串行分类，相对就不容易遗漏。

当需要将多个维度的分类进行组合时，防止遗漏比较好的方式，是一层一层来分，不要放到一个层次里进行区分。

没有交叉，也就是分类之后，在集合中的某一项事物，不能在同一个层次上，既属于 A 分类，也属于 B 分类。

可日常生活中，我们遇到的分类大都是有交叉的，最典型的，就是购物网站上对商品的分类。

打开某个购物网站，当你想搜寻某种商品时，除了直接用商品名来搜索之外，会看到首页上面通常会有一些分类，例如下面的图，就是某个购物网站的首页分类。

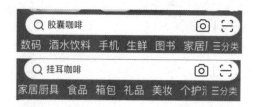

从上图可看出，生鲜和食品、手机和数码的分类，显然就是重复或有交叉的。手机，本身就属于数码产品中的一类；而西瓜，既是生鲜，也是食品。

购物网站之所以这么分，估计是因为通过大数据分析，发现基于用户购买的频率，从上述角度分，是能够帮助用户最快找到自己想要的物品的分类方法。

用 MECE 原则来判断，上面的分类肯定不是好分类。但回到我们曾经讨论过的分类的意义这个角度来思考，分类的一个很重要的目的，就是帮助我们快速定位到问题或你想要的结果，如果在实践中，购物网站的上述分类，是通过大数据分析得出的能帮助用户最快找到自己所需商品的分类，那就是好分类。

但是在绝大多数情况下，我们都不可能像购物网站那样，有数据来支持进行分类，所以，如果我们使用的分类出现交叉，就会导致某一项事物会被同时归入到两种类型中，或是对问题的定位出现难以判断，使问题的处理复杂化。

因此，接下来我们就需要看看好分类的另外一个重要特征：分类层次。

分类层次应该多还是少

理论上，好的分类除了上一节讲到的穷尽各种情况以及没有交叉之外，还需要考虑一个特点：分类层次多少。换个角度说，就是如何用相对少的分类层次，定位到你想聚焦的问题点上。

例如，我们讲课时经常用到的翻页器，可以从价格角度分类，50 块钱以上的和 50 块钱以下的；也可以从功能角度分类，带存储的和不带存储的；从光源角度分类，有红光的和绿光的；从电源角度分类，有使用电池的和充电的；从形状角度分类，有笔形的和柄形的，等等。这些分类方式，都能满足前面所说的 MECE 原则。但在实际生活中，如果预算很清楚，我们很有可能会从价格角度去进行分类；如果我们希望有了这个翻页器之后，出去上课不用再备一个 U 盘，那就很有可能会从功能角度去分类，单纯从翻页器形状角度去做分类，是比较少见的。

这就意味着，即使在满足 MECE 原则的情况下，也存在一个什么样维度的分类是好分类的问题。

在对事物进行分类时，我们通常会需要经过多次分类，才能定位到具体的事物。

例如，你想查找大学时你们班某个男同学的名字，因为你一下想不起他的名字了，只记得他是在保险行业工作，是个部门经理。而你换了手机，原来手机上的通讯录都丢了。出于各种原因，你不好意思跟其他同学去问。

现在你能进到你母校的校友名单系统里，那么你会怎么查询呢？假定你们的校友系统名录很完整，而且包含了学生的相关信息，例如校友所在的公司名、行业、职位，年龄、性别等。这时我们至少有两种办法可以查询。

第一种，直接查你们班的通讯录，然后一个一个看，肯定能想起来。

第二种，在校友系统里，先按毕业年份搜索，然后在搜索结果里，再搜男性，或者再搜行业、职位、专业，这四种分类维度，顺序你可以自己定。但不管哪个在前，这四种分类维度，都可能需要用到，再加上前面的毕业年份，也就是说你要找到那个同学的名字，可能至少需要五个分类层次才能实现。

那么，你会采用哪种方法呢？我相信大多数人应该是采用第一种。原因很简单，大学里的班级，一个班的人数大多也就三四十人，少的可能只有十几个人，看三四十人的名单，用不了几分钟。所以，用第一种方法，只需要一次分类，就能比较快地找到你的同学。而第二种方法，则需要至少五次分类才能找到。

但如果你的班级里有 1000 多人呢？第一种分类方法恐怕就不如第二种分类方法好了。因为要看 1000 多个人的信息，出错概率会大大增加。

这就是前面提到过的，每个分类维度内，类别数量的多少以及每个类别内，所包含的元素数量多少的问题。

基本的原则是：在一个分类维度下，如果类别数量少，每个类别内的元素数量就必然多。

这个道理很简单，因为每个下一层次的分类，都是在上面的细分类型中再做划分的。

就好比有 1000 个人，如果你按班来分，从一班到二班这么一直分下去。如果一共只有 5 个班，则每个班是 200 人；但如果有 100 个班，则每个班是 10 个人。

这两种分类方式，哪个更好呢？不一定。

如果你知道某个人的班级号，想找到这个人，显然，班里的人数越少越好；但如果你只关注管理者（班长），不关注个人，那显然，班长数量越少，你需要投入的注意力就越少。

所以，我们可以发现，分类的层次越多，对问题的分解就越细致，控制得就越精确，但所需投入的精力也越多。分类层次少时，特点正好是反过来的。

所以，分类层次不一定是越少越好，这取决于你的目的是什么。核心就是一句话：以能否最快抵达你的目标作为分类好坏的判断标准。

如果通过三层分类，就能解决你的问题，或者达到你的目的，就不要分到第四层。

但需要注意的是，在分类层次少，且每个层次的分类维度下类型数量多，又是并行分类时，如果你对相关的事物不熟悉，知识和经验储备不够，不妨考虑增加分类维度，也就是增加分类层次，以确保分类之后，内容的完整性。

毕竟，与遗漏带来的问题相比，增加分类维度或分类层次所增加的成本，是可预期、可控的。而遗漏带来的风险和问题，则是不可控的。

分类层次的上述特点，在搜索时特别明显。

例如，你想知道本书作者的具体背景，请问最少使用几个关键词可以完成搜索？你是否能确定除了搜索引擎的广告之外，排在第一位的搜索结果就是你要搜索的人？

本书作者的重名率很高，从作者自己的尝试来看，最少需要两个关键词。但是，这两个关键词如果没有选好，搜到的依旧是重名的人。

前两年，我让原来的一个同事，去找我微信上某个老师的真实姓名。这位老师与我互加微信好几年了，但因为当时忘了问她的名字，后面就不好意思再问了。我给这个同事转去了这位老师自己的公众号，里面有不少老师自己写的文章。文章里提到了她的毕业院校，曾经工作过的一家公司的名字——文章用的都是笔名，和微信昵称一样。

我这位同事搜了十多分钟后，告诉我找不到，我只能自己来，结果不到半分钟就搜出来了。因为我把学校名称、她曾经工作过的公司名、加上她所讲课的领域、笔名作为搜索条件，搜出结果之后，发现在几个与职业相关的社交软件里也有她的痕迹，然后进到其中一个职场社交软件里，就查到了。为什么我比同事找到的快且准呢？

前些年在培训领域，有人造了一个词：搜商，就是运用搜索引擎，在互联网上找到信息的信息搜集能力。我们不去评论这种概念是否是哗众取宠，但这种能力，本质上，就是分类思维的能力。

在使用分类思维时，比较有挑战的一点，就是找到那些不明显的或隐含的分类维度，而这个能力，不仅跟思维能力有关，也跟经验和总结能力有关，就是从过去的经历中，总结出可用的维度，下面让我们一起看个案例。

假如你是一家老国企的培训负责人，公司准备开展几次针对中层管理人员的管理培训，重点讲管理中的激励。需要从外部找到合适的老师。前几年，公司也从一些有名的大学请过研究管理学的教授来给大家上课，但反响非常一般，大家普遍反映，教学内容太理论化，没法在实践中应用。

这批中层管理人员年龄普遍较大，最年轻的，也有40多岁了，而且担任管理职务基本都在五年以上，所带的员工都是受过正规教育的本科以上的毕业生。

请问，你在找老师的时候，除了按照课程、授课风格和技巧这几个常规的维度去分类和寻找外，还有其他维度吗？

在上面这个案例中，其实还包含了以下几个不明显，或者说是隐含的维度。

一是讲师背景。国企在管理上，由于体制的原因，并不完全是市场化的管理模式，管理学上很多理论和做法，在外企和民企可行，在国企往往根本无法实施。比如，对绩效不好的员工，要解除劳动合同，虽然从法律上说，这么做是可以的，但在实际操作中，对老国企而言，可行性极低。因此，这个老师的背景，不说必须，但最好要有国企背景。

二是年龄维度。学员年龄都在 40 岁以上，如果讲师太年轻，容易被学员轻视，很难在课堂上控场，所以最好讲师年龄也在 40 岁以上。如果是特别优秀的，35 岁以上也可以，再年轻就不建议选择了。

三是管理经验维度。这些学员至少都有五年以上的管理经验，因此，如果讲师的管理经验太薄弱，自己带团队没几年，是无法驾驭课堂上的学员的。

四是讲师过去管理所带员工的维度。受训的管理人员带的是本科以上的员工，如果讲师过去虽然有足够的管理经验，但带的都是收银员、司机、保洁、装卸工之类，学历相对较低的人群，恐怕也有问题。因为激励的效果，是因人而异的。不同人群，在激励手段的使用上，差别会非常大。

当然，你也可以找出其他隐含分类的维度。但以我多年的培训和管理经验来看，这四个维度应该够了。

　　这四个维度是如何发现的呢？本质上都是来自对经验的总结。就像我，离开原来的公司后，讲课也讲了十多年，上课总天数应该在 1500 天以上，因为有不少上过课的客户会多次复购，所以上过内训课的客户有四五百家。我发现在我的客户中，大部分的客户是国有企业，民营企业约占 30%，外企的客户也就占 10% 左右。仔细分析，这个客户分布的构成是有道理的。我在体制内工作了很长时间，管理经验十年，但是，从来没有在外企的工作经验和管理经验。所以，我的很多体会和做法，放到国企和民企里是可用的，放到外企里，可能适用性就会降低。

　　这个不明显分类维度的发现，就是既跟经验有关，也跟归纳能力有关。

　　所以，好的分类标准除了上一节提到的 MECE 原则外，还包括另外一个特征：就是用相对少的分类层次，快速达到你想要的结果。当你发现自己能做到这一点时，不妨和身边的人比较一下，如果其他人达到同样的目的，需要更多地分类层次时，恭喜你，说明你的思维能力又提升了。

　　如果没有明确的目标，纯粹为分类而分类，这时，是很难评价分类的好坏的，就像下图的案例一样。此时，老师的判分，反倒会扼杀了孩子们在思维上的创造力。

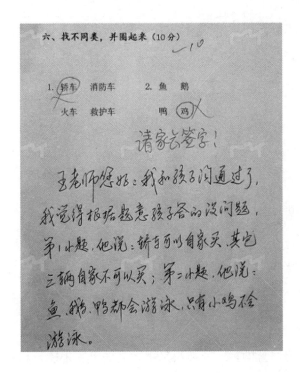

五、分类的方法跟谁学

在现实中也会发现我们每个人对事物的分类能力，差别巨大。为什么会有如此之大的差别？

• 首先，分类的完整性与学识有关，受教育程度越高，知识储备越丰富，头脑中掌握的分类就越多。

例如，在我没有学过战略之前，我也不知道什么叫SWOT分析。但学习了之后，就知道把优劣势和机会威胁这两个分类维度交叉在一起，就可以对组织的战略选择做出分析；学习了财务以后，才知道财务领域，可以分为财务会计、管理会计和税务会计，而这三者也是有较大差别的。

• 其次，分类的完整性与经验有关。

见过的世界越大，经历过的问题越复杂，头脑中的分类也就越多。所以为什么人生经历越丰富的老年人，不一定受过识人训练，就看人较准，就是因为在他们的人生中，见过太多各种各样的人，在头脑中，无意识地构建起几百种对人的分类。前面我们提到过，分类分得越细，每种类型下对人的描述就越准。

所以老话所云：读万卷书，行万里路，不如阅人无数。真的是有道理的。

但需要注意的是，分类法是用过去的经验来梳理和解决当前的问题，如果出现新的分类，就会导致过去经验的可用性下降。

互联网时代，科技的进步，会带来很多前所未有的分类，例如无人驾驶汽车，电商平台等，都是在几十年前，在相关领域的分类中不可能包含进去的。无论是串行分类还是并行分类，都有可能面临这样的情况。

所以，经验固然很重要，但切不可经验主义，忽略了由于时代发展所带来的新的分类。

这里我们顺带说说知识和经验的区别。

知识通常是经过系统化梳理的，分类明确，获取方式既可以自己在实践中获取，也可以通过书本或从他人处获取。而经验则不然，一是经验的分类未必会很清晰，二是经验一般都需要通过自己的亲身实践才能获得。所谓的"验"，就是体验，没有亲身经历，何来体验？

但对经验的使用，人和人的差别是巨大的。在严格意义上说，体验只是经历，不是经验。只有对经历进行总结和梳理，才能称之为经验。这就是为什么有的人经历了很多事，脑子依然仍然像糨糊，会反复跌落在同一个坑里；而有的人，只要经历过一次，类似问题就不再是困扰。

能力强的人的重要特征之一就是在头脑中有意无意地会对经验进行归类，并用这些分类所对应的规律来解决此后遇到的问题。

例如，债券可以分为几种？这是知识，通过理论和书本学习可以获得。

你的领导最近不愿意和你主动沟通，原因有哪些？这是经验。如果要做出分类，难度显然比前者大得多。

• 第三，分类的完整性与总结能力有关。

经历过同样的事件，有的人就能用不同的分类对事情做总结，有的人就还是一团乱麻。就像分析电话销售拒绝率高的原因，总结能力强的人，会把问题汇总以后，按照 5W1H 的维度，进行分析。

首先是客户选对了吗？一个穷得下周需要去借钱的人，你让他买理财产品，不是胡闹吗？二是时间对不对？早上一上班就打电话，可能是客户刚开始忙碌的时间，手头有很多需要今天做完的事，没时间也没心思听你介绍；三是客户接电话的场景是不是有问题，比如客户正在开会；四是你说的内容是否清晰，让对方能快速理解你的想法和诉求，大家都忙，谁愿意花时间、花精力去搞明白一个跟自己毫无关系的陌生人想干什么呢；五是打电话之前，想明白自己的目的是什么了吗？六是表达技巧是否有问题？根据这样的分类方式，就很容易找到具体的问题点，当然，有可能是好几个问题点。

但总结能力不强的人，可能会告诉你，被拒绝是正常的，不要退缩，你需要做的是：坚持！这种人，除了用口号给你打气外，给不了你任何有价值的解决问题的建议。对他们的做法，我们戏称之为：灌毒鸡汤。

所以，如果想提升自己的分类思维能力，无非以下几种途径。

一是增加理论学习，特别是阅读专业的教科书。教科书通常是枯燥的，但之所以能成为教材，就是因为其中一定有完整和严谨的知识体系，包括了这个领域内的常见的各种分类。对这类知识的学习，是从事一项专业领域工作的基础，可以帮你构建起专业的分类。

二是多观察、多实践，在实践之后，一定要进行复盘。除了运用流程化思考，对每个环节进行分析外，再增加分类思维的方式，对其可能涉及到的各种情况先归纳，再概括，从而提炼出属于自己的分类。

总之，没有不断地学习和训练，分类思维的提升就是一句空话。

六、流程与分类，孰先孰后

在介绍了两种思维模式：流程化思考和分类思考后，我们会看到，这两种思维模式，在实际运用时，通常是需要紧密结合的。

但在实际使用中，我们会面临这样一个问题：我们的大脑不可能同时使用两种思维模式，所以必定存在先后顺序，那么，我们应该先用流程化思考，再用分类思维，还是反过来呢？

理论上，先流程再分类，或者先分类再流程都是可以的。流程化思考，是一种横向思维模式；分类思考，更像是一种纵向思维模式。按照这个思路，回忆一下之前提到的金字塔原理和思维导图，是不是更像分类思维模式？

下面我们通过一个例子来看，应该是先流程再分类，还是先分类再流程。

假定你是一个公司的总经理，公司现有两类产品在销售。到一季度结束时，公司总体的业绩目标没有达成，你想分析一下，看看问题到底出在哪。

如果你用先流程再分类的方式去分析，你就应该先看一月份的总体销售数据，然后再看在一月份里，A产品和B产品的销售情况，接下来再看二月份、三月份的。

当然，你也可以先看 A 产品，看这类产品一月、二月、三月的销售情况，再看 B 产品分别在第一季度的销售情况。这就是先分类再流程的方式。

从我的观察来看，企业的经营者比较普遍采用的是先分类再流程的方式。

再换一个案例。你刚刚被任命为某地区动物卫生防疫的负责人，所管辖范围内有十几个乡镇，但之前你从来没有从事过卫生防疫工作。很不幸，你刚上任没两天，你的辖区内，就暴发了鸡瘟。上级要求你尽快控制住疫情的传播，并配发了相应的疫苗。但此事布置下去好几天了，这十几个乡镇的疫苗注射情况和预期的目标相比差距很大。面对这种情况，如果按照先流程再分类的方式来分析，那就是先搞清楚整个疫苗注射工作的完整流程，然后在每个环节上，分别看这十几个乡镇有没有把工作做到位。

如果是先分类再流程的方式，那就是一个一个乡镇过，每个乡镇按照整体工作的环节，逐个环节进行分析。

你会选择哪种分析方式呢？在这个案例中，我估计大多数人和我一样，会选择先流程再分类的方式。原因很简单，我们对这项工作的流程基本没有概念。

通过上述两个案例的分析，我们可以发现到底先流程再分类，还是反之先分类再流程，选择的关键点在于对问题，特别是对流程的熟悉程度。

对熟悉的事物和流程，可以先分类，再运用流程化思考；

对于不熟悉的事情，建议先流程再分类。

如果发现在流程中，不同的情况下，流程差别非常大，那就先分类再流程。此时的情况，可以理解为不同类别下，流程差别很大，甚至完全是两个流程。这种情况，我们其实可以理解为是分别处理了两个问题。

这样选择的背后是有逻辑的。分类思考模式，通常是基于经验而得到的，但在面对新的领域或不熟悉的事务时，用分类思维去对问题做处理，既有经验很难保证问题分析的全面性，存在遗漏的风险会非常高。

而流程化思考是基于常识（包括专业常识），用逻辑推理的方式来完成的，环环相扣，就不容易出现遗漏。即使你对某个领域很陌生，但当你向业内人士请教，A环节之后，通常会是哪个环节时，得到的回答一般都是比较准确和清晰的；但如果你问的是，在这些环节上，都会存在哪些类型的问题，答案的有效性，则完全依赖于该专业人士的思路是否足够清晰和完整了。

第三篇

验证

一、为什么要做验证

即使一个经验丰富、思维严谨的人，也有可能会犯遗漏的错误。是因为粗心吗？还是年纪大了，记性不好了？我们通常会用这样的理由来解释。对于没做过的事，我们则会以没有经验来作为辩解。

客观地说，上面这些说法，有一定道理。以我自己的亲身经历来讲，我在23、4岁的时候，机械记忆力算是到了巅峰，之后就开始下降，年龄越大，下降得越明显。而且，有的时候，某些事我们自己不是太在意或用心，也会丢三落四。

但问题的关键在于，不管是记忆力的问题，还是相关经验不足，抑或是不够仔细，如果这几个问题都不存在，我们就能解决前面说的遗漏问题了吗？

前些年，我给一家国内顶级的商学院的管理人员和MBA上课，听说了这样一件事。他们之前不久举办了一个非常大型的论坛，参加人数近两千，参加人基本上是来自全国各地的这个学校的校友和企业家。这个商学院之前成功举办过很多次论坛，但这么大规模的活动，还是头一次办。

论坛是在一个旅游胜地举办的，主办方包下了好几个当地的五星级酒店。主会场设在最大的那家酒店里。活动整体上办得很成功，但是，在活动还没结束的时候，会议的工作人员就接到了酒店方的投诉。

你能猜得出投诉的内容吗？是烟头，满地乱扔的烟头。

参会的基本都是民营企业家，在这个群体中，如果你稍许留意，就会发现大部分都是三十岁以上的男性。此事发生在十多年前，那个时候，这个群体中，抽烟的比例是很高的。

主会场中间休息的时候，这些抽烟的人，都会跑到酒店门口去抽烟。一般来说，这种档次高的五星级酒店，因为室内禁烟，都会在门口放几个烟灰桶。但是，当几百个人同时在大门外抽烟时，情况就不一样了。烟灰桶边上，只能围几个人，其他人肯定都是到旁边去，但一般都不会离大门口太远。抽完之后，如果要扔烟头，就得穿过人群，走到烟灰桶边上扔进去。这样的动作很麻烦，显然是反人性的。

这个企业家群体来自不同地区，素质有高有低。肯定会有一些人嫌麻烦，烟头直接扔在地下，踩一脚完事。

现在请你换位思考一下：如果你手里有垃圾，但你脚下非常干净，尽管是在室外，你大概率也不会随手扔在地上。但如果你脚下堆满了垃圾，你会不会直接就扔了呢？大概率会。因为你会觉得这样并没有什么太大的不妥。

结局可想而知，一到中场休息结束，参会人员回到会场时，酒店大门口就一地烟头。对于一家高档酒店来说，显然是无法接受的。需要打扫不说，更重要的是破坏了这家酒店的高端形象。

我相信这家酒店一定在门口放了不止一个烟灰桶，我也相信会议的筹备人员做事很认真，因为那些年我经常去这家商学院讲课，包括给管理人员、员工和 MBA 上课，这些筹备人员我都很熟悉，知道他们做事是比较靠谱的，但为什么还会出现这种情况呢？

尽管论坛整体反响很好，但请不要用瑕不掩瑜来让这样的事轻易滑过。我们训练和提升自身思维能力的目的，就是让自己的思考更严谨，对问题的判断更准确，对可能出现的情况能尽量完整地做出预判，从而减少问题发生的可能性，降低风险。

运用本书前面所述的流程化思考和分类思维的模式，这个扔烟头的问题，好像都很难被发现。所以，在构建系统性思维时，我们还需要增加第三种思维模式：验证。

验证本质上还是对流程化思考的运用，但核心指导思想，是分别从正向流程和逆向流程，对所有流程进行遍历，通过观察对正常行为和特殊情况下，流程中的环节或内容，是否包含了应该包含的全部内容，来确保整体工作的完整性。

如上面所述，验证分两种，一种是按照正常的流程顺序走下来，这种叫正向验证，还有一种是从流程的最后环节向前倒推，这种叫反向验证，分述如下。

二、正向验证

正向验证也叫分角色验证。在前面运用流程化思考对问题进行梳理时，我们需要找到工作或项目的主要流程。而主要流程通常涉及的是工作或活动中的主要人员，并非全部人员。这就意味着按照活动中的主要人员梳理出的流程和事项清单，对于非主要人员来说，可能并没有涵盖进去。

这时，就需要把工作或活动中的所有相关人员全部都列出来，然后，按照不同的角色进行模拟，把其对应的流程全部走一遍，这时，就会发现前面所列出的活动清单或工作安排可能存在缺项。

为了更好地理解这个思路，我们再分别举一个工作和生活中的例子来看。

案例一：婚礼上的差错

数年前，我一个徒弟结婚，邀请我参加他的婚礼，并做证婚人。小伙子人不错，和我一起工作也挺长时间，虽然我很少参加这种活动，但那次还是很痛快地答应了。

婚礼的日子是提前了大半年就定下来的，所以我也把那天的时间留了出来。婚礼前两周，小伙子知道我周末基本都在上课，怕我忘了，还特地确认了我是否能参加。我说没问题，他很高兴，然后就把请柬发给了我。然后他问我要不要安排车接我，我说办婚礼本身就很费神了，咱们关系那么熟，你就不用管了，我自己开车去。

婚礼那天是周六。早上起来以后，忙了会儿其他的事情，看看时间差不多，我就出发了。快到酒店，小伙子的电话就打过来了，问我到哪了，我说快到了，他说他在酒店的二楼，客人多，没法下来接我。我说不用接，我自己能找到。到了酒店，发现地面上停车的位置很少，都停满了，停车场管理员引导我停到了地下停车场。等停好车，发现停车场里的标志很不清楚，我又头一次去那家酒店，找到上楼的电梯费了点时间。

出了电梯到大堂以后，就看见了写着我徒弟两口子名字的水牌，之后顺利找到小伙子。他把我向双方的父母做了介绍，然后就忙着到门口接待其他客人去了。因为我认识的几个人还没到，当时到场的大部分都是他以前的同学和当时所在公司的同事（他结婚时已经从我那离职了），我就坐在一旁自己休息。

婚礼开始以后，都按照正常程序进行，之后就是吃饭喝酒什么的。等差不多了，我和小伙子告别。他说送我到车上，被我拒绝了。现场还有那么多人呢，新郎哪能离场啊。

到了停车场，开车出来——到目前为止，一切都很顺利。到出口的时候，管理员让我交停车费，大概二三十块钱。我说自己是参加婚礼的，管理员说那可以到前台去拿张停车券。我一看后面还有车，地面上找个地方临时停还很费劲，就直接交钱走人了。

当天晚上，小伙子给我打电话表示感谢，我就告诉他了停车费这件事，他连连抱歉，说怪自己，他手里有停车券，但是白天事情太多，忘了给我了。

这个例子给了我很多启发。从细节中，可以看出，那个小伙子过程中多次主动和我沟通，其实从待人的角度还是很周到的，但为什么还会出现遗漏呢?

婚礼本身是一个大的流程，里面涉及很多不同的小流程。在考虑婚礼这件事的安排时，正如前面所讲，是以新娘和新郎为主角来安排的。我的角色是证婚人，在整个婚礼的流程中，只是一个很短的分支流程。但如果没有把这个流程考虑到，就会出现纰漏。

为了防止这种情况的发生，在以新人作为主角，找到主流程，完成了婚礼绝大多数工作的安排之后，还需要把婚礼中的各种角色梳理出来，分别模拟这些角色的动作，按照各个角色在主流程中的相应流程，再遍历一次。在这个过程中，通常有可能会发现以新人作为主角的视角时，会忽视的问题。

我们还是以婚礼为例，再重新去看上面的案例。

婚礼是一个比较复杂的项目，涉及到的人其实非常多。这里我们依然选择证婚人这个角色，来体会正向验证的思路。

接下来，我们就模拟证婚人的角色，把婚礼的流程再走一遍。

假定你是证婚人，很早就收到了新郎的邀请，也把时间留了出来。婚礼定于某个周六的中午举行。

由于是证婚人，所以新郎新娘的提前准备是和你没关系的。现在是周六上午，你吃完早餐之后，就要出发了。

这时，你面临的各个环节就出现了：

是自己开车去还是有人接？

如果自己去，开车到什么地方？路线怎么走？

开车到地方之后，停车停到哪？要是没停车位了怎么办？

把车停好之后，怎么找到婚宴的场地（不要觉得这个问题不是问题，在一些大型酒店，从停车场走到婚宴大厅，路线是很绕的）？

到了婚礼现场，需要和新郎、新娘打招呼，合影，签字，送红包等，上述事情完成之后，新人还得接待其他人，你该去哪待着？待着的时候，有没有什么能让你觉得不是那么无聊的事情？

一般来说，如果是在酒店里举办婚礼，新人都会给证婚人安排一个相对清静的房间，当然这个房间里也可能会有其他参加婚礼的重要人物或双方的长辈。接下来，婚礼开始，轮到证婚人讲话，是用手持话筒，还是用其他设备？或者由主持人帮忙拿话筒？

开始讲话了，讲什么？要不要提前准备？准备的内容要不要打印出来？

在讲的内容里，有没有特别生僻的字或容易念错的字需要用拼音标注出来（例如有些人名中的字，你在认识他之前，可能这辈子都没见过这个字）？

讲完以后，坐到哪个座位上去？

敬酒仪式几轮之后，你要准备离开了，和新人以及其他人打招呼之后，去停车场取车，能找到车吗？

你取了车，离开停车场的时候，还需要交停车费吗，是否有停车券？

开出停车场之后，你后面的行程就和婚礼没关系了。

按照证婚人的角色把流程走一遍之后，就会发现，在婚礼的准备中，有几件事最好能列在工作清单上：

提前确认证婚人是否需要车接车送；

如果证婚人自行开车到酒店，需要把具体位置和建议路线发过去；

最好提前在停车场安排好位置；

如果从停车场到婚宴现场的路线比较难找，最好安排朋友跟证婚人对接，把他从停车场领到现场；

在和证婚人合影、介绍其他重要人物之后，将其安顿在提前准备的房间；

如有可能，给他看看新人的一些合照或其他与新人相关的、有纪念意义的物品，如小视频等；

在婚礼开始后，找人把证婚人带到主桌指定的座位上；

在证婚人上台时，由专人给其麦克风；要是新郎或新娘的名字里有非常生僻的字，证婚人不一定记得住怎么发音，可以同时给他一个小纸条标注好；

证婚人讲完，宴席开始之后，新人需要去向他敬酒；

在证婚人准备离开时，安排人给其停车券；

如果需要，找人引导证婚人到停车场送其离开。

证婚人的角色，在整个婚礼中，虽然地位比较高，但是行动的复杂程度只是中等。除了新人之外，还有一些角色也比较复杂，例如双方父母。另外，有可能有些角色看似复杂程度很低，比如来参加婚礼的同事或朋友，但如果这些朋友里有前男友或前女友，其行动的复杂程度就有可能变高。

我们不能因为角色不重要，或者流程中角色的复杂程度低，在做工作分析和安排时就不予考虑。如果这件事非常重要，就需要把每种角色按照上述的方式过一遍，再把针对这些角色活动所需要做的事情提前列出来并做好准备。按照这样的思路去处理，婚礼这个项目出现差错的概率就会极大地降低。

总不能依靠多办婚礼来积累经验吧，是不是？

案例二：作业场地选址与菜场

20年前，我在一家央企集团的总部担任人力资源部的副总经理。有一天，公司领导把我叫到办公室，跟我说，集团准备开展一项新的业务。由于对这项业务我们并不熟悉，所以集团准备跟美国的一家公司进行合作。如果顺利，将来会成立合资公司，领导让我负责这个项目。我问他为什么找我，他说因为之前我做过业务，从事过相关业务领域的工作。

接了这个任务之后，我就开始抽调人马，启动了紧张的筹备工作，并在这个过程中做了大量的市场调研。后来因为双方在合作的条款上无法达成一致，所以合资的事情就被搁置下来了。

但领导非常看好这项业务的前景，所以集团决定我们自己来从事这项业务，也就是做一种新的汽车快运网络。虽然和美国公司的谈判没有结果，但是在这个过程中，我们确实发现对方的业务运作模式比国内当时的运作模式要领先很多。所以虽然合资终止，但是他们的业务运作模式我们依然可以学习。然而在没有合资之前，虽然双方共同成立了项目小组，但有很多非常细节的信息，对方是不可能提供给我们的，因此我们就需要自力更生，自主开发和设计。

幸好在合资合作的过程中，我们对他们的业务流程已有了大致的了解和理解。所以接下来，我带领团队成员，运用流程化思考的方法，花了差不多一个月的时间，对整个业务流程做了非常详细的设计，然后基于这个业务流程，我们开发了相应的信息系统，以及做好了相应的资源配备。

最后完成的工作计划表和工作清单，做得非常细。细到什么程度呢？举个例子吧。

因为是做汽车运输业务，其中一个很重要的环节是需要仓库。由于这个业务的特点是快进快出，所以仓库位置的选址就很重要。仓库的选址要考虑的东西很多，但便宜肯定不是我们首要的选择，首先是要考虑满足业务快进快出的要求，所以，地理位置、价格、面积、交通限行等都需要考虑，还包括对租来的仓库的改造成本等。

当时我做了一个选址的条件清单，让团队中各地相关的同事按照这个清单的要求去寻找，然后把结果报上来，我们讨论后再行确定。

在清单中，条件细致到什么程度呢？其中有一条是要保证在仓库周边，骑车（含三轮车）30分钟的范围内，能找到买菜的地方。这个选址条件是怎么出来的呢？就是用流程化思考加上正向验证而得出来的。

在整个大的业务流程中，其实参与的角色非常多，不考虑客户，光是在我们内部涉及的岗位，除了有后台的运营管理之外，在前台就有司机、装卸工、库管员等这些职位。我们在确定完主流程之后，就要按照不同的角色，对主流程进行完善。

由于我们的作业模式理论上是24小时不间歇作业，所以，为了方便，加上起步阶段，规模不大，人员也不多，仓库的员工都是吃住在仓库里的。这时，我们用流程化思考，分角色验证的方式去思考，就会考虑：仓库里的员工，下班以后吃饭问题如何解决？

由于国内很多城市，特别是经济发达地区的城市，对货车都有限行的要求，很多地方白天货车是很难进到市区里的，所以这些仓库的选址一般都会选在距离城市有一段距离的近郊。但由此带来的就是周边生活设施不全。

也许现在你可以说那叫外卖呀，不说叫外卖本身的成本要比自己做饭的成本更高，看看事情发生的背景，那是 20 年前，哪有美团、饿了么之类给你跑腿送外卖的服务。所以，用仓库里工人的角色走一遍流程就会发现，当公司要求他们吃住都在仓库里时，他们的吃饭就是一个大问题。

吃饭可以自己做，我们当时建议每个仓库都选一个做菜还凑合的员工，兼职给大家做厨师，因为人不多，大家一起搭把手，也干得过来，然后每个月多给几百块钱的补贴，同时他也兼着买菜的职责。

但接下来问题就出现了，去哪买菜？怎么去。不可能开着送货的车去啊，先不说那些送货的车，大部分时间都应该在外面，就算可以用，这买菜成本也太高了。

所以通常的情况下，仓库里基本都会给配置人力三轮车，他们可以蹬着三轮去买菜。由此就引出了仓库选址的条件之一：距离最近的买菜的地方，骑三轮车单程不能超过半个小时，时间太长，路上耗费的时间太多，这活儿就没人愿意干了。

这就是我们讲到的正向验证中分角色验证。用分角色验证的方式，按照这个流程完整地走一遍，我们就会发现在主流程的设计中没有考虑到的一些环节和要求。

在整个的流程化思考的过程中，务必要注意，不同的角色，经历的流程很有可能是不一样的。所以，为了确保思考的完整性，一定要先把最主要的流程找出来，然后继续运用流程化思考，把其他角色的流程也补充进去。将工作中所涉及的角色都找完整，并且按照流程化思考的方式全部遍历之后，对这个工作或者这个项目，你基本上就算十拿九稳了。这个思路，对于搞项目管理的人来说，是非常需要的。

三、反向验证——特殊性

别让小概率事件毁了你的安排

还是再从一个例子说起吧。我曾经提供过咨询的一家企业 A 公司，有一次，公司邀请了一个非常重要的潜在客户 B 公司过来参观。A 公司不大，但他们希望合作的 B 公司很大，在行业内影响力也非常大。如果能合作成功，对于 A 公司进军 B 公司所在的行业，有着非常重要的战略意义。但因为 A 公司成立时间短，B 公司又有着比较稳定的供应商，所以 B 公司的合作意愿不是太强。

客户公司在外地，他们费了很大工夫，借着对方公司高管到这边出差的机会，请对方挤出了半天的时间，到他们这里看看。由于对方高管的行程很紧，在 A 公司只能待 40 分钟的时间，除了花十多分钟看看 A 公司的情况外，剩下的时间就是听 A 公司的总裁介绍公司的产品和合作的想法。为此，A 公司的高管团队非常重视，精心准备了开会时做介绍用的 PPT，还提前做了演练。

B 公司的高管一行，到 A 公司后参观一圈下来，还是挺满意的。进入会议室，双方落座，寒暄几句之后，需要由 A 公司的总裁做汇报了。因为之前电脑投影的是欢迎词，接下来需要切换到做介绍用的 PPT，这时问题出现了。PPT 在总裁的电脑上（因为是总裁自己做的），欢迎词那个 PPT，用的是另外一台公用电脑。本来以为把投影线的插头一换，就没问题了——结果，电脑没反应了。

IT 人员也在现场，赶紧调试，手忙脚乱，调了差不多十来分钟也没调出来，而且换电脑也不行。从 A 公司总裁到参会人员，都满头大汗。眼看过一会客户就要离开了，A 公司总裁只好放弃投影直接讲，很显然，效果肯定会大打折扣。后续情况怎样，我没问。但那个 IT 人员，差点被总裁开掉。据说，问题出在了那根线的接口上，接口和线的连接处有些接触不良，之前也出现过一次类似的情况，但是当时稍微动动就好了，就没引起重视。没想到，到了关键时刻，掉了链子。

我问了一下当时在现场的一位同事，为什么不用 U 盘把 PPT 拷出来？他说总裁的电脑往外拷贝文件时，需要先插一个转接头，但那天转接头他放家里了，公司里其他哪些同事有类似的转接头现场也没人知道，得现问。而公用电脑上又没有装邮件系统，如果用发邮件的方式转移文件，还需要先下载软件。最关键的是当时那个 IT

人员不停地说，应该很快能解决，结果大家就把希望都放在了他能快速解决上。结果，他辜负了全体人员的希望。

这事到底算是谁的责任呢？都怨 IT 人员，似乎不公平，但说是他的责任，好像也不是完全没道理。

但是仔细想想，生活和工作中，我们因为类似意外，搞得自己非常狼狈的情况不算罕见。问题出在哪了？工作习惯吗？这种情况，靠重复检查，是并不能检查出来的。即使按照前面讲的正向验证的方式来检查，也很难发现。

从思维的角度来说，这种情况未能提前做出预防，是因为在我们构建的系统思维模式中，除了流程化思考、分类思维、正向验证之外，还需要再补充一项：反向验证，也叫特例性验证。

反向验证就是从流程的最后一个环节开始，沿着流程，逆向回溯，思考在每个环节上，如果出现意外或问题，是否有相应的应对方法或准备。

拿前面的例子来说。我们假定最后一个环节是把 PPT 投影到了屏幕上。那就要用下面的顺序，思考相应的问题：

屏幕坏了怎么办？——不是电子显示屏，只是幕布，没问题。而且就算是坏了，背后是白墙，直接投影到墙上也可以；

投影仪没显示怎么办？用分类法思考，无非以下几个原因：

• 投影仪坏了（包括灯泡坏了等）：不可能现场修，但是公司只有一个投影仪，和一个大尺寸的电子显示屏，但是电子显示屏放在了其他小会议室的墙上，小会议室太小，没法接待客户一行——那就提前准备好，包括支撑电子显示屏的架子。万一投影仪坏了，能将那个电子显示屏迅速搬运过来，连接上。当然，提前需要试一下。

• 投影仪没坏，停电了——不可能为此再备个柴油发电机，那就认了，客户肯定也能理解。

• 电脑与投影连接不上了——多看几种连接方法，从有线连接到无线连接，选择稳定性最高的。如果有可能，做备份，比如多备一条连接线。

• 如果电脑坏了怎么办？——提前准备一台备用电脑，或者在客户到来之前，把欢迎词和公司介绍放在一个PPT里，直接投影好，总裁介绍时，只需要按翻页器的按钮即可。

仔细观察一下上面的分析过程，就是从动作流程入手，观察每个环节上，是否有可能遇到意外或特殊情况，以及我们是否该提前做出相应的准备。

有的读者可能会想，特例性验证为什么不从正向入手？理论上，从正向入手也是可以的，但处理问题时有个基本的原则：离问题点越近的环节，引发问题发生的可能性越大。因此，从逆向做分析，容易更快地找到原因所在。

当然，如果一件事完全只是计划，而且比较简单，流程单一，正向入手还是反向入手做特例性验证，差别不大。

为了更好地理解这个道理，思考一下这种情况，你会怎么做？

假如晚上睡觉前，突然感觉不舒服，上厕所时发现拉肚子了，你会先想晚饭后吃了什么、晚饭吃了什么，还是午饭吃了什么？当然应该是先想晚饭后吃了什么。

正向验证和反向验证的区别，前者是考虑正常情况下会怎么做，反向验证是考虑在每个环节上，如果出现意外或特殊情况时，应该怎么做。

所以，可以这么理解，正向验证是大概率事件的检查，如果没做正向验证，当流程很多很复杂，流程中的角色也很多时，出现遗漏的概率是非常大的；反向验证是相对小概率事件的检查，即使没做，最后的结果也未必会出任何问题，因为赶巧了，啥意外都没发生。

经验的价值

在实际使用反向验证时，你可能会发现一个使用上的困难：有的意外或可能性，在你脑子里根本就没有。

如果你坐火车，上了车以后，发现你的座位上坐了一个人，对方声称那个座位是他的。你让他把票拿出来，你的也拿出来，两张票的确一模一样，日期也是对的，你会不会认为对方的票是假的？

我猜大多数人的反应是：假的，伪造的，叫警察！但如果我告诉你，对方的也是真票呢？你可能无法相信。

但我可以告诉你，这是我真实的经历。上大学时，有一年放暑假回家，上车以后，我就遇到了这个情况，我叫来了乘务员。乘务员问我票从哪买的，我说是通过学校定的。然后问对方，对方说是换的，一个小伙子说朋友坐他原来的座位边上，他们想坐一起，就跟他换了座位。然后列车员让和我同样票的乘客，去把那个换票的小伙子叫过来。结果那个小伙子过来，我一看，是我们系隔壁班的一个同学，他也是通过学校订的学生票。

不过，这已经是三十年前的事了，现在发生的可能性应该没有了吧。但用这个例子，我想说明，有些事，我们没见过，不代表不存在。

当然，你非要说我那同学自己弄的假票，那我也没办法。

上述例子说明的是什么？是经验的价值，一个人的人生阅历越丰富，经历过的事情越多，能看到的各种意外和特殊情况就越多，这些存储在他头脑里的内容，就是在做反向验证时，非常重要的依据。

所以，有很多有经验的人，虽然没有受过系统性的教育，但在处理自己擅长领域的事务时，他们不仅得心应手，对于各种意外和可能性，也都了然于胸，因为他们见过太多意外和我们以为的不可能。

很多年前，我在原来的公司负责业务的时候，有一件事让我印象非常深。由于当时我们的市场定位是以运输高附加值货物为主，所以，为了货物安全，车辆在站点装完货，是需要加签封的。那东西像一把小锁，是一次性的，扣上以后，只能暴力破坏，且无法恢复原状。所以收货站点的员工，在打开车厢门之前，需要检查签封是否破损，如果有破损，要及时汇报，同时，清点货物的时候也需要增加见证环节，由此确保责任的清晰划分。

当时签封有两种，一种是塑料的，价格便宜，几分钱一个；一种是金属的，价格要贵不少。我觉得反正是一次性的，用塑料的也没问题。但是我的一个从东北过来的同事告诉我，在东北，天特别冷的时候，那种塑料的签封，可以轻轻掰开，然后用热水一烫，两头一对，能粘回去，不细看根本看不出来。我们的站到站运输，基本都是夜里进行，在灯光下作业，亮度低，活比较忙的时候，不可能保证员工检查签封会那么仔细。换句话讲，使用塑料的签封，并不能完全防止在运输过程中监守自盗的情况。

当然，最后基于各种考虑，我们还是选择了塑料的签封。但这件事给我的启发是：我们没有见过，甚至没有听说过的情况，不代表不存在。

所以，在使用反向验证时，如果这项工作或项目非常重要，不妨先向有经验的前辈请教一下，他们在相关环节上都遇到过哪些特殊情况和意外事件？相信我，这些特殊情况和意外事件，因为不常见，所以通常都会给人留下较深的印象。

这个案例告诉我们，要多听听老同志讲奇闻逸事，但别仅仅把那些事情当成故事，而是要作为你所了解的意外和特殊情况，存储到头脑中。

四、事无巨细，都需验证？

想到没做和没想到，完全是两码事

运用正向验证的模式，越是复杂的工作项目，角色越多，验证的成本越高，这是不争的事实。但从另一个角度来说，事情越复杂，牵扯面越广，出现问题带来的影响越大，弥补损失的代价也越大。

因此，越是重要的事情，越是复杂的工作或项目，进行验证就越必要。当然，在做完验证之后，对于发现的某些遗漏，我们有可能基于成本或其他原因，有意识地选择了不做，但这种情况下的不做，和没有想到的不做，是有本质差别的。

前者是我们基于各种平衡后的决策，这意味着我们对事物是有预判的，即使出现问题，也是在我们可以掌控的范围内；而后者的不做，会不会出问题，则完全是听天命、看运气了。

下面这个故事估计很多人都听过：

有两个人同时进入一家公司，若干年后两人差距逐渐拉大，甲还是在底层徘徊，乙则不断升职加薪。甲很不高兴，去找老板理论。

老板给两人派了同一个任务：去了解土豆的市场行情。两人回来后，老板问甲，集市是否有土豆？

甲说：有。

老板又问：有多少家在卖？

甲赶紧又跑回去问。回来后说：有 10 家。

老板又问：那平均价格是多少？

甲很委屈，您交代任务时没让我打听价格呀！

老板没说话，让甲站在边上看乙是怎么做的。老板把乙叫过来。问：集市是否有土豆？

乙答：有。

老板问：有几家在卖？

乙答：有 10 家，我还问了详细的价格是多少，每一家量大的优惠程度如何，送过来包不包运费，种植产地在哪里，每一家土豆的新鲜程度如何，如果要什么时候可以运过来。

等乙走了以后，老板跟甲说，现在你知道你们之间的差距了吧？

上面这个故事有很多版本，虽然具体细节不一样，但基本意思都一样。不管是不是编的，里面的道理我还是很认同的。

但如果我们把故事的开头改一下，就可能出现第三种情况。

老板跟三个员工说，今晚我准备请大家吃饭，给大家亲手做一个我最擅长的炒土豆丝，你们去了解一下土豆的价格。

前面两个员工的表现和上面一样。

第三个员工丙回来，跟老板说：市场上一共有10家，其中有八家是卖新土豆的，两家是卖老土豆的，我想了一下，炒土豆丝还是得用老土豆，新土豆容易粘锅，口味上也没啥区别。所以我就只问了那两家的情况，其他八家我就没问。

如果你是领导，你会给第几个人晋升的机会呢？如果是我，我会选择丙。因为了解到所必需的信息，第三个人所花的时间，肯定要比甲、乙要少。

在这个案例中，我们会看见，丙没做，不是因为不知道没做，而是看到了问题，经过权衡和判断后选择了放弃。这和没想到所以没做，是有本质区别的。

所以，正向验证是一种非常重要的，能帮助我们减少思考漏洞，更加全面的思维方式，虽然并不是所有时候都需要用到——问题简单时就没必要使用。

因此，把握一个原则：越是复杂的，影响大的工作，越是要尽可能把所有角色都梳理出来，然后模拟每个角色，把动作流程捋一遍，从而发现之前按照主流程去梳理时可能没有考虑到的问题。如果问题简单，影响也不大，只考虑主流程，也是可以的。

你可以不用，但你不能没有。

不是所有的可能都要担心

反向验证时，考虑的是如果出现意外或问题，运用流程化思考、分类思维等方式后梳理出来的工作安排，是否有所预见。

这里的意外能不能找全，和经验有关。经验丰富的人，遇到的各种情况多，往往能把各种可能的问题都列出来。

在列出各种可能的问题之后，面临的下一个问题，就是需要在工作中安排所有的对应措施吗？毫无疑问，为了应对这些特殊事件和风险做的准备越多，成本越高，而且很有可能出现很大的浪费。因此，是否需要针对反向验证中发现的问题做准备，取决于以下三点：

一是问题出现的概率大小；二是如果出现了问题，带来的影响大小；三是为应对这些问题需要投入的资源多少。

如果问题出现的概率非常低，就可以不予考虑。美国大片看多了，各种爆炸、恐怖事件，似乎经常出现，但至少在中国，这些情况出现的概率是极低的。如果你需要组织一项大型的商业活动（不涉及到高级别领导人），就无须为这些事件做出任何准备。

如果问题出现的概率很高，但是影响非常低，我们也有可能不采取任何措施。在大型的商业活动中，现在一般都会安排茶歇，茶歇里通常有甜点。但是提前预订的茶点，对有的参会人员来说，可能太甜了，不想吃。这种情况出现的概率其实并不低，但不吃就不吃呗，还能怎么样？大家都是奔着活动的内容来的，茶点不太重要。其中一些人觉得这些点心太甜了而选择不吃，通常也不会影响他们对这次活动本身的评价。所以这类出现风险高，但是影响小的事情，也可以不做任何应对准备。

如果发生事情中问题出现的概率也高（就是难以避免），万一出现以后，影响也很大，但事情还必须得做的情况，就要看应对风险的代价了。如果为此要付出的代价巨大，那我们也可能不做任何提前的准备和调整，只等着一旦出现再去应对即可。

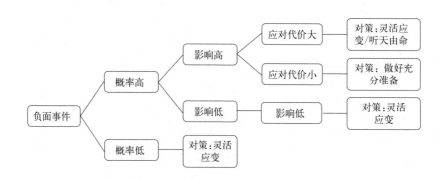

最典型的例子就是出差。我一年乘坐飞机的次数多则近百次，少则也得有六七十次，遇到延误绝对是家常便饭。因为飞行的原因基本都是为了去上课，很多时候都是下了课去机场，再飞到另一个城市，晚上到了入住，第二天早起去讲课。要是赶上晚点，当天晚上的睡觉就会受影响，要是碰上延误到很晚，最后航班取消的情况，

第二天的上课就会受影响。

有一年我从北京飞去广州上课，下午两点多的航班，等入住到酒店，已经是第二天早上五点多了。稍微眯会，七点多就得起来吃早饭然后去讲课。这还算好的，还有一回从深圳下课后准备飞去杭州，遇上台风，在机场等到夜里 12 点多，航空公司给安排了酒店，凌晨两点多入住，到四五点的时候，确认第二天的航班肯定是飞不了了，临时改买火车票。高铁票已售完，只有十多个小时的动车车票。买完票，收拾一下行李就直奔火车站，一晚上基本没睡。结果，本来两天的课程，我只讲了一天，搞得学校那边也很狼狈，只能临时安排其他老师讲了另外的内容。

说这几个例子，是想说明，飞机晚点对我来说，是出现概率高，影响也大的事件，如果想第二天上课不受影响，距离在 1000 公里以内的情况，可以头一天下课后，包个专车，再加上一个司机，两个人轮流开，以确保我准时出现在培训地。但这么做，费用太高，为了减少风险的代价实在是不值当。所以，在培训行业，如果请来培训的老师不能白天提前到，只能赶头一天晚上的航班，在台风季，对很多培训公司的负责人来说，都是一件非常闹心的事。

但需要强调的是，判断代价大小，不是以绝对金额作为标准，而是要看投入产出比来决定的。如果从北京去上海，是为了投一个标的额非常大，例如几千万甚至上亿的标，或者签一个金额上亿的合同，公司如果能拿下来，利润就能有大几百万。那么在这种情况下，万把块的专车费用，就算不上很大代价了。而这种情况，在商业领域实在太常见了。

　　总结下来，反向验证是帮助我们把那些由于意外、特殊情况所导致的风险，都尽可能考虑进去，从而在思考上确保整个事件的完整性，但在实际的行为中，未必要针对这些特殊情况和意外而提前做相应措施。

结语

系统思维的构建

前几年，有一个词很流行：VUCA，就是 volatility（易变性），uncertainty（不确定性），complexity（复杂性），ambiguity（模糊性）这四个词的缩写。在 VUCA 时代，唯一不变的就是变化。

听起来很有道理，但问题是，怎么变？总是跟着变化去改变吗？如果那样，我们永远都会处于非常被动的跟随状态。

一个时代，无论怎么改变，朝哪个方向改变，都一定是基于过去和现在而发生的，不是那种一夜之间换了新天地的变化：比如，昨晚睡觉之前，你还在用手机和他人交流，早上醒来，改用脑电波传输信息了；而且，变化本身，也是有规律的。这是个基本的判断。基于这样的判断，我们就会看到：

➢ 既然变化是在过去和现在的基础上发生的，时间就是其中隐含的线索，流程化思考就可以成为我们进行分析的工具。VUCA 的变化，通常不是一夜之间，流程的颠覆性改变，是逐步和渐进式的变化。只是与过去相比，变化的速度加快了。这些变化带来的，可能把过去的单一流程变成了多流程，或者反之；也可能是过去清晰的明显逻辑，变成了隐含逻辑；还有可能因为错综复杂的环境，把过去各自独立的很多流程重新组织，交织在了一起，产生了大量的新的隐含逻辑需要被发现。但无论怎么改变，应用流程化思考，从动作层面去分析，发现这些事物之间的隐含逻辑，你就可以看清楚其中的规律。

➢ 再大再快的变化，也不可能让过去的经验完全失效，所以，过去我们使用分类模式，对知识和经验的梳理，在这个变化的时代，依然有用，只不过其中很多内容需要与时俱进而已。

➢ 很多变化不是自然发生的，是人为推动的，如果你有幸成为推动者，或者参与了推动的过程，就会发现，当我们推动变化时，本质上我们就是在试错，如何让这样的试错，成本最低，成功的可能性最高，验证，就是非常重要的预判和保证。

上述三点，就是本书内容的核心：流程、分类与验证。

这三种思维模式，都是构建系统性思维时需要掌握的，上述任何一种单一的思维模式，都会有其应用中的短板和不足。组合起来应用，你的思维就会变得非常强大。

例如，运用流程化思考，发现存在问题的环节，通过反向验证和分类的方式，来寻找遗漏，都可以帮助你构建批判性思维，而批判性思维，恰恰也是一个人具备独立思考能力的重要基础。

但是，不管是流程化思考、分类思维还是验证思维，都只是思维模式，或者说对问题的处理思考，但如果没有专业知识的支撑，没有不断的练习，思维能力再强大，也解决不了实际问题。就好比你可以把全世界的各种游泳理论、知识和经验，全部学到自己的脑中，对于每个动作的要领、动作的顺序，清清楚楚，但不下水亲自试试，你就不可能学会游泳。

没有实践中的训练，就没有系统思维的构建。